# 伦理视域下的
# 美丽乡村生态治理研究

LUNLI SHIYUXIA DE
MEILI XIANGCUN
SHENGTAI ZHILI YANJIU

—— 王秀红　著 ——

WUHAN UNIVERSITY PRESS
武汉大学出版社

**图书在版编目(CIP)数据**

伦理视域下的美丽乡村生态治理研究/王秀红著.—武汉:武汉大学出版社,2019.6

ISBN 978-7-307-20878-0

Ⅰ.伦… Ⅱ.王… Ⅲ.农村—生态环境—综合治理—生态伦理学—研究—中国 Ⅳ.①X322.2 ②B82-058

中国版本图书馆 CIP 数据核字(2019)第 080861 号

责任编辑:聂勇军    责任校对:李孟潇    整体设计:马 佳

出版发行:**武汉大学出版社** (430072 武昌 珞珈山)

(电子邮箱:cbs22@whu.edu.cn 网址:www.wdp.com.cn)

印刷:武汉中科兴业印务有限公司

开本:720×1000 1/16 印张:15.75 字数:219 千字 插页:1

版次:2019 年 6 月第 1 版 2019 年 6 月第 1 次印刷

ISBN 978-7-307-20878-0 定价:42.00 元

# 序　言

　　人类应该如何与自然和谐相处？这既是一个重要的理论问题，也是一个重要的实践问题。事实上，整个人类文明的进程也是人与自然之间的关系不断调整和相互适应的过程。近代以来，人类摆脱了历史上曾经对自然的从属性地位，不仅如此，随着一次又一次对自然的胜利，人类逐渐成为自然的征服者和主宰者。而自然，在节节败退之后，成为了人类文明中的他者。在人类还沉浸于工业文明带来的富足以及人类对自然的节节胜利时，环境污染、生态破坏、资源枯竭、气候变暖等已经成为席卷整个地球的全球性问题。作为一个东方的传统农业大国，中国融入以西方国家为主的全球经济和生态系统的时间较晚。经过40多年的改革开放之后，中国经济与社会的发展取得了令世界瞩目的良好成绩，在追赶西方发达国家的道路上取得了长足的进步，开始以一个大国和强国的形象屹立于世界。但是，在经济快速发展的同时，我们也频频出现西方发达国家曾经出现的生态环境问题，这一问题严重威胁到国民的身心健康和社会的可持续发展。

　　面对严重的环境问题，各国有识之士都在反思，并探讨解决之策。在西方国家，环境哲学伦理学界出现了动物解放论、动物权利论、生物平等论、生物中心主义、生态中心主义等思想。这些思想尽管在理论主张和逻辑论证等方面存在很大的差异，但是都呼吁实现人类伦理观念的转变，呼吁对自然的道德关怀。这些思想为环境运动提供了理论依据和指导。自20世纪60年代起，西方社会掀起了轰轰烈烈的环境保护运动，并通过政治、法律、教育、技术等一系列手段与措施，意图遏制和解决这些问题。环境运动既提高了公众的环境意识，也促使政府出台有利于生态的环境政策和法律。环境运动也促使绿党（由提出保护环境的非政府组织发展而来）作为一种政治力量开始在全球政治领域崛起。绿党倡导生态优先、非暴力、基层民主、反核原则，积极参政议政，开展环境保护活动，对全球的环境保护起到了积极的推动作用。然而，尽管西方的环境运动和环保措施在局部和一些具体问题上取得了较好的成效，但是从总体而言，全球生态环境问题并没有得到有效的控制，在局部甚至更加恶化。

中国政府将生态环境保护作为基本国策，出台了一系列文件、措施、制度，以解决生态问题。但是，近年来持续的严重的雾霾天气，让人们遗憾地发现，生态环境继在威胁西方发达国家之后，也成为逐步迈入工业化社会的中国的一个威胁。如何解决生态环境问题，如何保护我们赖以生存的环境成为人类共同面对的难题。

我国也在不断地探索人与自然如何和谐相处。从可持续发展观到科学发展观，从农业文明、工业文明到生态文明，这都表明我们一直在积极地探索。生态文明是我国在人与自然关系协调及生态环境保护探索上的最新进展。中国共产党十七大报告提出建设"生态文明"并作出具体部署；2012 年党的十八大更是将"生态文明"建设列入进了中国特色社会主义事业"五位一体"的总体布局。可见，生态文明不仅在思想领域，而且在政治领域，正在逐步影响和改变中国社会。

党的十九大报告指出，"建设生态文明是中华民族永续发展的千年大计"，我国社会发展第一阶段的目标是"在全面建成小康社会的基础上，再奋斗十五年，基本实现社会主义现代化。到那时，生态环境根本好转，美丽中国目标基本实现"。十九大报告为我国现代化建设及美丽中国建设指明了方向。

美丽中国是新时代我国社会建设的目标，美丽乡村是美丽中国建设的必然要求，也是美丽中国建设的重中之重。生态环境之美，是美丽乡村建设的基本要求。在我国现代化快速发展中，乡村暴露出越来越严重的生态问题，包括资源浪费、生态破坏、环境污染等，这与美丽乡村的生态美要求有很大的距离。习近平曾说："良好生态环境是最公平的公共产品，是最普惠的民生福祉。"乡村居民也要享受到良好的生态环境，这才是符合社会主义公平正义的。所以，进行乡村生态治理，使乡村成为生态优美的乡村，是新时代我国社会建设和国家治理的重要任务。美丽乡村建设，既是对广大农村居民利益的维护，也是实现中华民族伟大复兴的重要途径。

2012年中国共产党十八大提出"五位一体"的战略布局，将生态文明建设作为五大建设的重要内容之一，并强调要贯穿始终。这充分表明了生态文明建设对于我国现代化战略目标实现的重要意义。2017年中国共产党第十九次全国代表大会报告中提出了"乡村振兴"战略，拉开了全面推进我国美丽乡村建设的序幕。美丽乡村建设，可以说是以往我国新农村建设的升级版。新农村建设的基本要求是"生产发展、生活宽裕、乡风文明、村容整洁、管理民主"，是"生产"、"生活"、"生态"的和谐发展。"美丽乡村建设"超越了新农村建设，它包含的是对农业、农村和农民发展的更高要求。

要建设美丽中国与美丽乡村，必须进行乡村生态治理，以实现人与自然的和谐共生。对生态问题进行分析，可以发现其中有政治因素、经济因素、文化因素的影响，而生态伦理的缺失，是深层次的原因。从系统论视角考察，乡村生态问题是个系统问题，原因也是多方面的，所以应该从宏观、中观、微观三个层面标本兼治地进行生态治理。具体对策措施包括：宏观的深层次的生态伦理的培育，中观制度层面的社会制度（包括政治、经济、文化等）的改进，微观操作层面的生态生活方式养成。本书以乡村生态治理为研究对象，基于生态伦理的视角，探讨我国乡村生态环境问题产生的深层次原因，在此基础上，研究如何基于生态伦理的乡村生态治理对策。

# 目　　录

# 第一章　美丽乡村建设与乡村生态治理

2017 年 12 月在肯尼亚召开的第三届联合国环境大会上，来自中国的河北塞罕坝林场建设者等 3 个团队和个人，荣获联合国环境规划署颁发的"地球卫士奖"，占了 6 个获奖项目的一半。大会刮起了中国"绿色旋风"，正如联合国副秘书长、环境署执行主任埃里克·索尔海姆所说的那样："这证明中国的环保政策取得巨大成就，印证了中国提出的生态文明建设理念行之有效。"① 这可以说是自党的十八大以来我国贯彻绿色发展理念、坚定不移推进生态文明建设取得伟大成就的例证，也是美丽中国建设的阶段性成就。

## 第一节　生态之美：美丽中国建设的必然要求

### 一、美丽中国是新时代我国社会主义现代化建设的目标

"美丽中国"这一概念是 2012 年 11 月在北京召开的中国共产党第十八次全国代表大会上提出的。作为执政理念，它强调把生态文明建设放在突出地位，要求生态文明建设融入经济建设、政治建设、文化建设、社会建设各方面和全过程。2015 年 10 月召开的十八届五中全会将

---

① 刘毅. 呵护生态，"美丽中国"步履坚实 [EB/OL]. 人民网，http：//politics. people. com. cn/n1/2017/1220/c1001-29717339. html.

"美丽中国"纳入"十三五"规划，全会强调"坚持绿色发展，必须坚持节约资源和保护环境的基本国策，坚持可持续发展，坚定走生产发展、生活富裕、生态良好的文明发展道路，加快建设资源节约型、环境友好型社会，形成人与自然和谐发展现代化建设新格局，推进美丽中国建设，为全球生态安全作出新贡献"。

在2017年10月18日召开的中国共产党第十九次全国代表大会上，习近平同志指出，要加快生态文明体制改革，建设美丽中国。在十九大报告中，"美丽"一词被提及8次，"生态文明"一词被提及12次，"绿色"一词被提及15次，生态文明建设的重要性由此可见一斑。

在总结十八大以来一系列生态文明建设理论和实践的基础上，十九大报告进一步把"美丽中国"上升到建设怎样的社会主义强国高度，提出建设"富强民主文明和谐美丽的社会主义现代化强国"；同时，把"人与自然和谐共生"作为新时代中国特色社会主义基本方略之一，从而丰富和完善了社会主义现代化的性质。十九大报告首次提出建设富强民主文明和谐美丽的社会主义现代化强国的目标，提出现代化是人与自然和谐共生的现代化。这是报告首次就现代化的"绿色属性"所给予的更加符合生态文明核心要义的界定，是重大的理论创新和科学论断。

### 二、美丽乡村建设是我国新农村建设战略的深入和发展

美丽乡村是美丽中国建设的必然要求，也是美丽中国建设的重中之重。美丽乡村建设可以说是对我国新农村建设战略与规划的继续深入和发展。

"社会主义新农村建设"的历史任务和具体要求是2005年10月党的十六届五中全会通过的《中共中央关于制定国民经济和社会发展第十一个五年规划的建议》中首次提出的。《建议》提出要按照"生产发展、生活宽裕、乡风文明、村容整洁、管理民主"的五个具体要求，扎实推进社会主义新农村建设。在五个具体要求中，生产发展是中心环节，它是实现新农村建设其他目标的物质前提和基础。生活宽裕是目

的，也是衡量新农村建设工作成效的基本尺度。乡风文明是对农村精神文明建设的要求，它是农民综合素质的反映。崇尚科学与文明、家庭和睦、稳定和谐互助合作的良好氛围的淳朴民风，是农民群众思想、文化、道德水平不断提高的体现与反映。村容整洁是农民生活环境的直观显现和展现农村新貌的窗口，也是实现人与自然和谐发展的必然要求，它要求呈现在人们眼前的是人居环境明显改善、农民安居乐业的景象。管理民主是新农村建设的政治保证，它体现了对农民群众政治权利的尊重和维护。只有完善村民自治制度，扩大基层民主，让农民群众真正当家做主，才能充分调动农民的积极性，社会主义新农村建设才能真正落实。

社会主义新农村建设，是贯彻落实科学发展观的重大举措。城乡协调发展是科学发展观的一个重要内容，是经济社会全面可持续发展的基本要求。我国是农业大国，农村人口众多，根据国家统计局2005年的人口抽样调查数据推算，2006年底中国大陆农村人口为7.37亿，占全部人口的56%。因此，要想经济社会的持续发展，必须保证农民参与到经济社会发展的进程中来，能够共享发展所带来的成果。农民群众的愿望和切身利益如果被我们忽视，那么农村经济社会发展严重滞后现状就得不到缓解和改善，可持续的协调发展就不可能实现。自1978年实行改革开放以来，我国城市经济社会发展迅速，城市面貌巨变，与之相比，农村地区面貌变化相对较小，农业、农村、农民问题成为我国社会发展的一大短板，城乡一体化成为社会协调发展的重要的基本要求。社会主义新农村建设也是和谐社会建设的重要基础，和谐社会建设离不开广阔的农村社会的和谐。消除农村社会一些不容忽视的矛盾和问题，减少农村不稳定因素，可以为社会主义和谐社会打下坚实基础。

建设社会主义新农村，是中央在全面建设小康社会的关键时期作出的一个重大决策。它是在我国已进入以工促农、以城带乡的经济发展新阶段，在以人为本和社会主义和谐社会建设理念深入人心的形势下"统筹城乡发展"方针的具体体现。从一些发达国家现代化建设的历程可以看出，工业与农业、城市与乡村之间的协调发展，是现代化建设成功的重要前提。那些较好地处理了工农城乡关系的国家，经济和社会发展迅速，较快地迈进了现代化国家行列；而那些没有处理好工农城乡关系的国家，农村发展长期落后，致使整个国家现代化进程受阻严重。

2007 年 10 月，党的十七大进一步提出"要统筹城乡发展，推进社会主义新农村建设"。为此，中央加大了农村建设的投入。1998—2003年，中央财政直接用于三农资金的支出累计为 9350 多亿元。2004 年为2626 亿元，2005 年达到 2975 亿元，2006 年计划在这一基础上新增 40多亿，达到 3397 亿元。2006 年的支农资金比上年增长 14.2%，占总支出增量的 21.4%。中央支持新农村建设的决心之大，可见一斑。为加快社会主义新农村建设，"十一五"期间各省市按照十六届五中全会提出的具体要求，纷纷制订新农村建设的行动计划并付诸实践，向生产发展、生活富裕、生态良好的社会主义新农村建设目标逐步靠近。湖北鄂州市是城乡一体化建设的试点地区，新农村建设取得了良好的成效。2013 年 7 月 22 日，习近平考察了作为城乡一体化试点的鄂州市长港镇峒山村。考察中，习近平强调城乡一体化建设的目的是要推进城乡一体化发展，要实现城镇化、农业现代化和新农村建设的同步发展。建设美丽乡村的目的是要给乡亲们造福，不要把钱花在给房子"涂脂抹粉"这类不必要的事情上，也不能大拆大建，尤其是要把古村落保护好。习近平说绝不能让农村成为荒芜的农村、留守的农村、记忆中的故园。2013 年 12 月，习近平在中央农村工作会议上指出："推进农村人居环境整治，继续推进社会主义新农村建设，为农民建设幸福家园和美丽乡村。"① 在他看来，新农村建设应该遵循农村发展规律，要保留乡村风貌，要留得住青山绿水，记得住乡愁。

从新农村建设"生产发展、生活宽裕、乡风文明、村容整洁、管

---

① "平语"近人——习近平的"三农观"［EB/OL］. 新华网，http：//www.china. com. cn/cppcc/2015-12/29/content_37415536_4. htm.

理民主"20 个字的具体要求可以看出，社会主义新农村建设的内容涵盖了经济建设、政治建设、文化建设、社会建设四个主要方面，是经济、政治、文化、社会四位一体的协调可持续发展，是党的十七大所提出的"四位一体"战略布局的体现。

2012 年 11 月 8 日在北京召开中国共产党第十八次全国代表大会将中国特色社会主义事业总体布局由"四位一体"进一步拓展到"五位一体"（即经济建设、政治建设、文化建设、社会建设、生态文明建设），增加了生态文明建设。胡锦涛在十八大报告中明确指出："建设生态文明，是关系人民福祉、关乎民族未来的长远大计。面对资源约束趋紧、环境污染严重、生态系统退化的严峻形势，必须树立尊重自然、顺应自然、保护自然的生态文明理念，把生态文明建设放在突出地位，融入经济建设、政治建设、文化建设、社会建设各方面和全过程，努力建设美丽中国，实现中华民族永续发展。"[①] 十八大提出将生态文明建设纳入五位一体建设总布局，是为了阻止生态环境恶化的趋势，为人民创造山清水秀空气洁净的良好生态环境，将我们国家建设成为美丽中国，以实现中华民族永续发展。包括生态文明建设在内的五位一体，是现阶段我国社会主义现代化建设的必然选择，也是全面、协调可持续发展的基本要求。五位一体的总布局是一个有机整体，内涵丰富，其中经济建设是根本，政治建设是保证，文化建设是灵魂，社会建设是条件，生态文明建设是基础。只有坚持全面推进五位一体建设，才能形成经济富裕、政治民主、文化繁荣、社会公平、生态良好的发展格局，把我国建设成为富强民主文明和谐的社会主义现代化国家。"五位一体"的社会主义现代化建设总体布局，科学回答了"实现什么样的发展、怎样发展"这一重大战略问题，为我国未来的发展指明了方向。

经济建设、政治建设、文化建设、社会建设、生态文明建设"五

---

① 本书编写组．十八大报告辅导读本 [M]．北京：人民出版社，2012：39．

位一体"的总体布局，也为我国社会主义新农村建设指明了发展方向。山青、水净、岸绿、堤固、景美、地洁、气清的良好生产生活环境，是农民的基本要求，也是新农村建设的必然要求，因此，必须要加强生态文明建设。

### 三、美丽乡村是我国乡村振兴战略的重要目标

2017 年 10 月 18 日，习近平同志在党的十九大报告中指出必须始终把解决好"三农问题"作为全党工作重中之重，实施乡村振兴战略。要"按照产业兴旺、生态宜居、乡风文明、治理有效、生活富裕的总要求，建立健全城乡融合发展体制机制和政策体系，加快推进农业农村现代化"，[①] 这是乡村振兴战略首次被提出。

2018 年的中央一号文件，即《中共中央、国务院关于实施乡村振兴战略的意见》，对新时代实施乡村振兴战略的重大意义、总体要求、主要目标和举措等进行了阐述。为确保乡村振兴战略的落实落地，同年 9 月，中共中央、国务院印发了《乡村振兴战略规划（2018—2022年）》，进一步细化工作重点和政策措施，以指导各地区各部门分类有序地推进乡村振兴。

乡村振兴的目的是促进农村全面进步，重塑城乡关系，实现城乡一体化，最终实现生产美、生活美、生态美的美丽乡村，进而实现美丽中国的伟大目标。具体要求是振兴农村产业、重建宜居的良好生态环境、构建文明的乡风民俗、建立有效的现代社会治理体系、打造富裕生活等。它要求从产业、人才、文化等方面促进城乡融合发展，优化乡村内部生产结构和生活、生态空间。从乡村振兴的最终目的和总体要求可以看出，乡村应该是政治、经济、文化、社会和生态"五位一体"共同发展的文明乡村。面对乡村生态环境脆弱和乡村经济发展落后的现实状

---

①　本书编写组．党的十九大报告辅导读本［M］．北京：人民出版社，2017：31.

况，如何在振兴产业、发展经济的同时，恢复并保持良好的生态，对政府是一种挑战。

### 四、生态美：美丽中国与美丽乡村建设的必然要求

党的十八大报告强调要把生态文明建设放在突出地位，将生态文明建设融入经济建设、政治建设、文化建设、社会建设中。十九大报告更是提出要加快生态文明体制改革，建设美丽中国。

美丽中国是新时代中国特色社会主义现代化建设的目标，这是十九大报告对我国现代化"绿色属性"的确定。习近平指出，我们要建设的现代化是人与自然和谐共生的现代化。在新时代，我们既要创造更多财富以满足人民日益增长的美好生活需要，也要通过提供更多优质生态产品来满足人民对优美生态环境的需要。"人与自然和谐共生"成为美丽中国发展的基本方略，生态美成为美丽中国的基本要求。

习近平还在十九大报告中提出建设美丽中国的"四大举措"，其一是要推进绿色发展。他从构建法律制度政策体系、循环经济体系、绿色技术体系、能源体系、绿色生活方式、绿色行为等方面，提出推进绿色发展的要求，具体表述为："加快建立绿色生产和消费的法律制度和政策导向，建立健全绿色低碳循环发展的经济体系。构建市场导向的绿色技术创新体系，发展绿色金融，壮大节能环保产业、清洁生产产业、清洁能源产业。推进能源生产和消费革命，构建清洁低碳、安全高效的能源体系。推进资源全面节约和循环利用，实施国家节水行动，降低能耗、物耗，实现生产系统和生活系统循环链接。倡导简约适度、绿色低碳的生活方式，反对奢侈浪费和不合理消费，开展创建节约型机关、绿色家庭、绿色学校、绿色社区和绿色出行等行动。"① 其二是要着力解决突出环境问题。这些突出环境问题包括大气污染、水污染、土壤污

———————————

① 本书编写组.党的十九大报告辅导读本［M］.北京：人民出版社，2017：50.

染、固体废弃物和垃圾等问题。要打赢蓝天保卫战，必须要坚持全民共治、源头防治，持续实施大气污染防治行动。在水污染防治方面，要实施流域环境和近岸海域综合治理。要加强农业的污染防治，以强化土壤污染管控和修复。为改善农村人居环境，要加强固体废弃物、垃圾处置和环境整治行动的力度。此外，还要健全环保信用评价、信息强制性披露、严惩重罚等制度，构建以政府为主导、企业为主体、社会组织和公众共同参与的环境治理体系。其三是要加大生态系统保护力度。具体要求有："实施重要生态系统保护和修复重大工程，优化生态安全屏障体系，构建生态廊道和生物多样性保护网络，提升生态系统质量和稳定性。完成生态保护红线、永久基本农田、城镇开发边界三条控制线划定工作。开展国土绿化行动，推进荒漠化、石漠化、水土流失综合治理，强化湿地保护和恢复，加强地质灾害防治。完善天然林保护制度，扩大退耕还林还草。严格保护耕地，扩大轮作休耕试点，健全耕地草原森林河流湖泊休养生息制度，建立市场化、多元化生态补偿机制。"① 其四是要改革生态环境监管体制。要求是："加强对生态文明建设的总体设计和组织领导，设立国有自然资源资产管理和自然生态监管机构，完善生态环境管理制度，统一行使全民所有自然资源资产所有者职责，统一行使所有国土空间用途管制和生态保护修复职责，统一行使监管城乡各类污染排放和行政执法职责。构建国土空间开发保护制度，完善主体功能区配套政策，建立以国家公园为主体的自然保护地体系。坚决制止和惩处破坏生态环境行为。"②

中国要美，农村必须美。建设美丽乡村也是全面建成小康社会的重点内容。美丽中国是环境之美、时代之美、生活之美、社会之美、百姓之美的总和。建设美丽中国和美丽乡村的核心，就是要按照生态文明要

---

① 本书编写组. 党的十九大报告辅导读本［M］. 北京：人民出版社，2017：51.

② 本书编写组. 党的十九大报告辅导读本［M］. 北京：人民出版社，2017：51.

求进行生态、经济、政治、文化和社会建设。美丽中国建设的重中之重，是美丽乡村建设。根据国家统计局的资料，2017年，我国农村人口有5.7亿，占13.9亿多人口的41%。近6亿农民生活在广大农村地区，他们的生产生活状况，直接关系到我国全面小康社会建设目标的达成。因此，习近平明确指出：全面建成小康社会，不能丢了农村这一头。美丽乡村应该是实现生态良好、经济繁荣、政治和谐、人民幸福的农村。

美丽乡村首先应该具备自然之美，是遵循生态规律的乡村。我国执政党的执政理念从1949年的"人定胜天"，到21世纪初的"尊重自然、顺应自然、保护自然的生态文明理念"，现在发展到可感、可知、可评价的"美丽中国"，可以说在对人与自然之间关系的认识上，我们党的认识是越来越深刻和全面的。我国在发展中也越来越尊重自然、尊重人民的感受。改革开放推动了我国经济社会的快速发展，让我们摆脱了贫困，同时也带来了环境污染和生态破坏等问题，这在广大农村地区表现得尤为明显。这让我们认识到物质富裕但生态环境质量很差，同样也不是我们需要的美丽的中国。美丽乡村应该是人与自然和谐的乡村，"既要金山银山，也要绿水青山"——这才是百姓所希望的"美丽乡村"。所以，新农村建设要以保护生态环境为前提。要留得住青山绿水，记得住乡愁。

美丽乡村建设应该因地制宜。当前，我国有320多万个村庄，这些村庄的自然条件、经济发展水平以及人们的生活习俗等方面都存在很大的差别，因此，村庄整治以及环境改善需要结合当地的实际状况，因地制宜，探索创新路径。美丽乡村建设还要量力而行，在政府财力有限、农民收入水平不高的情况下，新农村建设要立足已有的基础，重点解决农民急需的道路、供水、排水等设施，切实使农村村容村貌换新颜。美丽乡村建设应该突出地方特色，在改善农村人居环境的同时，尽量保留原有房屋、原有风格、原有绿化，突出农村特色。民族的就是世界的，农村若是失去其特色，只会变成一个个微型城市。2015年1月20日，习近平在云南省大理市湾桥镇古生村考察时强调："新农村建设一定要走符合农村实际的路子，遵循乡村自身发展规律，充分体现农村特点，注意乡土味道，保留乡村风貌，留得住青山绿水，记得住乡愁。经济要发展，但不能以破坏生态环境为代价。生态环境保护是一个长期任务，要久久为功。"①

## 第二节　乡村生态治理的相关研究

从人类社会发展历史及环境问题产生和发展历程看，严重的生态环境问题是伴随着现代工业文明出现的。西方国家工业文明发展得比较早，所以环境污染、资源短缺以及生态破坏等问题也最早出现在西方发达工业国家。如20世纪30—70年代发生的"八大公害事件"，② 都是出现在美国、英国、日本等工业文明发达的国家。随着经济高速发展、现代技术的应用以及人口的急剧增加，资源、环境和人口等问题日益尖锐，并成为全球问题，威胁整个人类社会的生存和可持续发展。面对这些问题，西方国家展开了相应的研究。

---

① 习近平在云南考察工作时强调：坚决打好扶贫开发攻坚战［EB/OL］.（2015-01-21）. http：//www. gov. cn/xinwen/2015-01/21/content_2807769. htm.

② 八大公害事件发生于20世纪30年代至70年代，震惊世界，分别是：（1）比利时马斯河谷烟雾事件（1930年12月），致60余人死亡，数千人患病；（2）美国多诺拉镇烟雾事件（1948年10月），致5910人患病，17人死亡；（3）伦敦烟雾事件（1952年12月），短短5天致4000多人死亡，事故后的两个月内又因事故得病而死亡8000多人；（4）美国洛杉矶光化学烟雾事件（二战以后的每年5—10月），烟雾致人五官发病、头疼、胸闷，汽车、飞机安全运行受威胁，交通事故增加；（5）日本水俣病事件（1952—1972年间断发生），共计死亡50余人，283人严重受害而致残；（6）日本富山骨痛病事件（1931—1972年间断发生），致34人死亡，280余人患病；（7）日本四日市哮喘病事件（1961—1970年间断发生），受害人2000余人，死亡和不堪病痛而自杀者达数十人；（8）日本米糠油事件（1968年3—8月），致数十万只鸡死亡，5000余人患病，16人死亡。

### 一、国外关于乡村生态治理的研究

19 世纪上半叶美国开始由农业时代向工业时代转型。伴随着工业化的脚步以及经济的迅猛发展，人们过度地榨取和霸占自然资源、开垦荒地、砍伐森林，导致整个自然生态受到了前所未有的破坏与污染，这引起了有识之士的担忧。1854 年美国作家梭罗（Henry David Thoreau）的《瓦尔登湖》通过对人与自然和谐共处的俭朴生活的描述，表达了自己的主张。同样的，被称为"美国新环境理论的创始者"的奥尔多·利奥波德（Aldo Leopold）注意到工业文明带给生态环境尤其是农村生态环境的负面影响，他在 1949 年出版的《沙乡年鉴》中，呼吁保护生态环境，提出了关于人与自然和谐相处的哲学思考。他所倡导的"土地伦理"对后来人们的环境思想和环境运动起到了启蒙作用。

进入到 20 世纪中叶，频发的环境问题威胁到人类社会的存在以及可持续发展，生态环境问题开始成为人们关注的社会公共问题。

#### 1. 关于农村污染及由此带来的生态失衡的研究

农村生态问题的表现是多种多样的，很多专家学者都对此进行了论述。李比希的《有机化学》引起了关于土壤肥力危机以及农业可持续性的大讨论。被称为"有机化学之父"的李比希，在他的《有机化学》中论证了植物的健康生长不但需要有机物质，而且需要无机物质。这些无机或有机物质都必须以超过"最低限度"的量被提供，只有这样植物才能健康生长，这就是"最低限度法则"。土壤中无机物的量在消耗中如果没有被持续补足，就会保持在有限状态；如果想要可持续地种植作物，就应该定期将被植物吸收的无机物持续返还到土壤之中，即"归还法则"。李比希认为，可持续农业的基本原则之一就是无机物的完全返还。仅靠自然是不能提供给土地每年被大量吸收走的无机物的，因此，他倡导化学矿物肥料的使用。19 世纪 50 年代李比希将化学施肥看做万灵丹。现代工业化进程的快速推进使得城市与农村间形成新的分工，这导致城市的食物消费不能返还到土壤之中，土壤的复原过程受到破坏。以利益的最大化为目的的农业，将在最短时间之内把土壤中的营养榨取进作物中作为追求，使得"归还法则"受到破坏，现代农业变成为一种"掠夺农业"。在这里，李比希着重强调了现代农业破坏性的一面。李比希警示人们，现代农业带来的人与自然间新陈代谢的紊乱和土壤贫瘠，最终将导致整个欧洲文明的衰败。马克思和杜林也参与到关于土壤肥料的探讨中，他们提出要克服城市与乡村间的分离，人类应该理性地规范人与自然间的新陈代谢。恩格斯也指出："美索不达米亚、希腊、小亚细亚以及其他各地的居民，为了得到耕地，毁灭了森林，但是他们做梦也想不到，这些地方今天竟因此而成为不毛之地，因为他们使这些地方失去了森林，也就失去了水分的积聚中心和贮藏库。"①

美国海洋生物学家蕾切尔·卡逊在《寂静的春天》（1962）中，全方位揭露了化学农药的危害。卡逊呼吁公众要制止那些关于有毒化学品使用的公共计划，认为这些计划将最终毁掉地球上的生命。那些阴险的毒物，通过喷雾剂和尘土、食物传播，要远比核战争的放射性残骸危险。卡逊希望人们在了解真相后采取有针对性的行动。在她看来，关注环境不仅是工业界和政府的事情，同时它也是民众的分内之事。因关心气候变化和环境问题而获得诺贝尔和平奖的美国前副总统阿尔·戈尔，在《濒临失衡的地球》（1992）一书中描述了水土流失、水污染、热带雨林毁坏、杀虫剂超量使用、物种灭绝等环境危机的各个方面，认为环境危机从根本上来说就是现代文明和生态系统之间的冲突。

### 2. 关于农村生态问题产生根源的研究

针对农村生态问题产生原因的具体分析，巴里·康芒纳在《封闭的循环——自然、人和技术》（1974）一书中指出，造成农村生态危机的重要原因是农业机械、无机肥以及杀虫剂等农用物资的使用。《公有

---

① 马克思恩格斯选集（第四卷）［M］. 北京：人民出版社，1995：383.

地的悲剧》（1991）一书的作者加勒特·哈丁提出了公共资源配置问题。他认为每个牧民对个人利益最大化的追求，最终会导致草地因过度放牧而衰竭和牲畜因食物不足而饿死的后果，最终导致公有地走向灭亡这样的悲剧发生。在这里，他强调人们要注重公共资源的合理配置，要防范个人利益最大化追求的消极后果。① 金英姬在《韩国的新村运动》（2006）中介绍了韩国新村运动的背景和思路、发展历程、成效以及意义等，认为工农业之间、城乡之间的发展严重失衡是韩国农村生态环境问题的根本原因。②

农村环境是整体环境的重要组成部分。更多的西方学者将生态环境作为一个整体分析其问题产生的根源，形成了一些代表性观点：技术根源论、人口根源论、经济根源论、深层生态学的世界观与价值观根源论、生态马克思主义的制度根源论。

（1）人口根源论

在考察生态危机产生的原因时，很多学者首先注意到了人口过剩与生态危机之间的关系。美国的生物学家保尔·额尔利奇教授是人口过剩导致环境危机这一观点的主要代表。额尔利奇在 1968 年出版了《人口炸弹》一书，该书认为当代人口急剧增长趋势已达高峰，这一状况不仅给自然带来极大的压力和恶果，而且必将反过来祸及人类自身，因此，人口过剩是我们的头号问题。人口的过度增长必然带来人与生活资料的矛盾，导致人与其赖以生存的环境之间关系的紧张，这是 18 世纪的马尔萨斯在《人口原理》中提出的预警。

埃利希认为马尔萨斯这一预言将在 200 年后变成现实。埃利希的观点在西方国家颇有影响，人口问题成为 20 世纪 60 年代末期环境问题的核心。罗马俱乐部的奥雷利奥·佩西（A. Peccei）把人口问题看成导致人类衰退十大原因之首。他认为人口过多使目前存在的一切问题的严重

---

① See Garrett Hardin. *The Tragedy of the Commons*, in K. S. Shrader-Frechette (ed.), *Environmental Ethics* [M]. The Boxwood Press, 1991：242-252.

② 金英姬. 韩国的新村运动 [J]. 当代亚太，2006（6）：13-22.

性倍增，同时也是增加大量新问题的原因，而不承认这一点只能使问题更加严重。美国生物学家哈丁也认为污染问题是人口过剩带来的结果，无限制的生育必将给所有人带来灾难。可以说，这些学者都把人口过剩看成环境问题的决定性因素。

（2）技术根源论

社会批评家刘易斯·芒福德认为，"称我们目前的困境主要由人口过剩引起，这一说法仅适用于人口稠密的局部地区，为实现立竿见影的生态改良，节制权力、节制大规模生产、节制垃圾、节制污染都比节制生育更显紧迫"。① 芒福德把我们的目光从污染转向技术。在芒福德等许多人看来，导致环境危机发展的祸水是技术，而在其他很多人眼中，技术却是拯救环境的最好的潜在工具之一。

以美国环保主义者巴里·康芒纳（Barry Commoner）为代表的一些学者认为现代技术加剧了环境与经济利益之间的冲突。在他们看来，自第二次世界大战以来的空前的现代生产技术变革是导致美国环境危机产生的主要原因。"现在已经控制了像美国这样一个发达国家的很多生产的新技术与生态系统相冲突的事实，是非常值得注意的。是它们使环境恶化了。"② 这是他在考察了核污染、化肥、杀虫剂等在生物圈循环的例子后得出的结论。康芒纳认为，技术不仅仅是人与人之间的联系，同时它也是现代工业社会和生态系统之间的联系，因此，人类必须寻找生态危机的技术根源。现代技术在生态环境上的失败不在于技术本身，而是在于技术的既定目标，在于现代技术仅仅以追求生产效率为目标而忽视了生态上的要求。

这一时期，很多学者认识到"技术是一把双刃剑"。技术在带来大量物质财富的同时，也在慢慢地吞食着自然，慢慢地毁灭着人类。

---

① ［美］刘易斯·芒福德. 刘易斯·芒福德著作精粹［M］. 宋俊岭，宋一然，译. 北京：中国建筑工业出版社，2010：103.

② ［美］巴里·康芒纳. 封闭的循环［M］. 侯文蕙，译. 长春：吉林人民出版社，1997：141.

14

弗·卡普拉在《转折点》一书中认为技术的过度增长产生出一种环境，在这种环境中，生命体的身体和精神方面都变得不健康，污染的空气，使人发烦的噪声，交通堵塞，化学污染，辐射危害和其他许多身体和心理方面的紧张，成为我们大多数人日常生活的组成部分。这些危害健康的因素不只是技术进步的副产品，而是追求增长和扩张，不断努力提高生产效率而加强高技术的这样一种经济系统。"除了我们看到、听到和感觉到的对健康的危害之外，还有另一种更为危险的威胁，这种威胁在更大的时间和空间规模上影响着我们。人类创造的技术，严重地破坏和扰乱着生态过程，而正是这种生态过程，维持着我们的自然环境，并且是我们生存的根本基础。"① 在卡普拉看来，科学技术已经严重地打乱了我们赖以生存的生态系统，甚至可以说正在毁灭它。

既然是这样，那么，生态问题可以依靠技术解决吗？如果遇到技术难题，你是否可以寄希望于发明另一个技术装置来解决它？对这一问题，英国学者齐格蒙特·鲍曼给予了否定性的回答。"在我们时代，技术已成为一个封闭的系统，它将世界其余部分假定为'环境'……它将自己的恶行和罪过定义为自己发展的不充分的结果，将由此导致的问题定义为需要更多的自身。技术产生的问题越多，需要的技术就越多。"② 如果人类寄希望于通过技术的不断进步来解决技术所带来的生态环境问题，这种希望是渺茫的。人类必须反思技术的目标，反思现代技术发展背后的价值取向和伦理问题，只有这样，我们才有可能真正地以技术造福人类。

（3）经济根源论

托夫勒等许多人认为资本主义的经济增长方式和过度消费方式，是环境问题的经济根源。传统工业化的经济增长方式是不可持续的，因为

---

① ［美］弗·卡普拉. 转折点 ［M］. 卫飒英，李四南，译. 成都：四川科学技术出版社，1988：35.

② ［英］齐格蒙特·鲍曼. 共同体 ［M］. 欧阳景根，译. 南京：江苏人民出版社，2003：100.

它没有考虑到资源和环境的约束问题。著名的未来学家阿尔温·托夫勒认为，工业社会遵循的是增长的逻辑，即更多的生产，更多的消费，更多的就业，整个文明都围绕增长在发展。以大量生产、大量耗费、大量废弃为主要特征的传统工业化，极大地挑战了自然资源的丰富性以及大自然对工业废弃物的承载能力。加上流行于全球的目前的市场竞争机制和模式是不将生态成本和环境代价计算在内的，于是"公有地悲剧"的产生就成为不可避免的了。1972 年，罗马俱乐部组织编写的《增长的极限》一书警示人们，增长不是无限的。如果按照现在的趋势继续发展，那么增长的极限可能在今后 100 年内出现，最可能的结果是人口与工业生产能力双方的不可控制的衰退。《增长的极限》倡导一种立足于地球资源有限性基础上的全球均衡的发展模式。

（4）深层生态学的世界观与价值观根源论

以瑞典学者阿伦·奈斯和美国学者乔治·塞欣斯（George Sessions）、德维尔等为代表的"深层生态学"认为环境问题背后的深层原因是价值观念、伦理态度以及相应的社会结构。20 世纪西方的环境运动是从人口、经济、技术等这样一些层面来寻求解决环境污染和生态破坏的方案的。但是，西方工业化国家的环境运动实践向人们显示，环境问题并没有如人们所期待的那样得到有效解决，反而它在局部更加恶化。技术的调整、新的法律强制手段以及公众的强烈抗议等努力，都没能使环境问题得到有效的解决。因此，人们必然要追问为什么这些手段和措施没能产生预期的效果？是否在人口、经济、技术等因素背后潜藏着更深层次的根源？隐藏在更深层次的世界观、价值观是不是更需要被反思？深层生态学认为必须找出环境问题背后的深层原因——价值观念、伦理态度以及相应的社会结构。所以，人类必须在社会中树立起人与自然和谐的、一体的环境伦理观念；为了实现伦理观念的变革，我们就必须对流行于当前的价值观念、现行的社会体制进行根本的改造。只有这样，人类才能解决生态危机和生存危机。故而，深层生态学反对以人类利益为绝对中心，它主张人在自然中，它所提倡的是一种生态中心主义的思想。"在深层生态运动中我们是生命中心主义或生态中心主义的。对我们来说生物圈、整个星球、盖亚是最基本的整体的单位，每个生命都具有内在价值。"①

（5）生态马克思主义的制度根源论

20世纪70年代开始出现于西方的生态马克思主义，认为生态危机与资本主义社会中的消费、控制自然的观念或生产方式密切相关，根源在于资本主义生产方式的内在矛盾、资本主义社会基本制度。威廉·莱斯认为"控制自然"的观念是导致生态危机的深层根源，戴维·佩珀认为资本主义生产方式本身是经济危机产生的根源。他们主张通过建立"生态社会主义"来化解当前的生态危机。

### 3. 关于农村生态环境治理的研究

对于复杂的生态环境问题而言，完全治理是个难题。美国社会学家丹尼尔·贝尔（Daniel Bell）在《后工业社会的来临》一书中就曾指出，政府治理的集中化与分散化均衡将成为后工业社会的中轴结构的有机组成部分。20世纪70年代之后，治理理论趋向于治理主体多元化参与治理的研究，尤其是对于复杂的生态环境问题而言，任何一个单一的主体或机制都无法完全治理生态环境问题。埃莉诺·奥斯特罗姆冲破了公共事务只能由政府管理的唯一性教条，冲破了政府既是公共事务的安排者又是提供者的传统教条，提出了公共事务管理可以有多种组织和多种机制（多中心主义）的新看法。大量社会力量参与生态治理的多中心合作治理模式是可行的。

针对农村生态恶化问题和农业的危机，国际社会提出了可持续发展农业战略。1985年，美国首先明确提出了"可持续农业"这一新的农业发展模式，1991年联合国粮农组织在荷兰召开了农业与环境会议，

① Naess A. *The Basics of Deep Ecology. In Glasser & Alan Drengson ed. The Selected Works of Arne Naess*, *Volume X*（*Deep Ecology of Wisdom*）[M]. Netherlands：Springer Press，2005，18.

大会通过的《关于农业和农村发展的丹波宣言和行动纲领》，首次明确提出了农业可持续发展思想。宣言指出这种包括农业、林业和渔业在内的可持续的发展，是一种环境不退化、技术上应用适当、经济上能生存下去以及社会能够接受的农业体系，目的是确保当代人类及其后代对农产品的需要得到满足。大会倡议发展中国家将"可持续农业和农村发展"作为发展战略。Stranlund 在《在市场力量的存在下实施可转让的许可证制度》（2011）指出，美国要发展可持续的农业，来处理农村生态恶化的难题。要减少资源浪费、普及种植优良品种、适当投入资金、减低化肥使用率、广泛应用生态食物链消除病虫害，保持农村生态平衡。①

从国外的研究可以看出，无论学者还是一些环保专家，对资本主义国家发展过程中出现的生态环境问题，均给予了高度关注，并提出了相应的治理思路和对策。理论上经历了从把人类利益作为衡量一切标准到重视整个生态系统内的所有生物，从人类中心主义到生态中心主义的历程，实践中经历了重视技术、经济发展方式、人口到重视世界观与社会制度的过程。可以说，西方关于生态治理的理论研究成果丰富，关于实践的部分则相对较少。由于西方国家主要是工业化国家，所以对农村的生态环境治理，较少进行专门的研究，缺乏相应的研究文献，也没有太多关于农村生态环境治理的具体对策和方案。国外学者认为农村生态的主要问题表现为农药滥用、土壤肥力危机、耕地占用等，原因是追求经济利益最大化忽略生态保护导致的，因此提出可持续农业作为解决对策。

## 二、国内关于乡村生态治理的研究

我国对农村生态环境的重视以及相关的研究是循序渐进的。中国环

---

① Stranlund. Enforcing Transferable Permit Systems in the Presence of Market Power [J]. *Environment and Resource Economics*，2011（5）：65-78.

境保护事业起步于 20 世纪 70 年代，自 1972 年 6 月中国政府参加联合国人类环境会议后，我国于 1973 年 8 月在北京召开了第一次全国环境保护会议，制定了环保工作 32 字方针，没有专门提及农村生态环境。1978 年以前，我国农村环境污染主要是因为化肥、农药的使用，由于使用量较小，在可控范围内，未引起官方的重视。1978 年以后，除了传统的污染外，乡镇企业成为农村主要污染源。农村生态环境问题开始受到关注。

### 1. 对农村生态环境问题的研究

20 世纪 90 年代初，我国城镇化进程加快，农业遭受污染问题凸显，某些地区的环境污染和生态破坏开始成为制约我国经济社会可持续发展的因素，甚至对公众健康构成威胁。1992 年 10 月 12 日召开的中共十四大在大会报告中提出：“要增强全民族的环境意识，保护和合理利用土地、矿藏、森林、水等自然资源，努力改善生态环境。”土地、森林、水等自然资源与农村生态和农业的可持续发展密切相关，而且随着生产发展和社会财富的增加，我国城乡居民的实际收入、消费水平和生活质量有了比较明显的提高，在此基础上，衣食住行尤其是居住条件有较多改善。这里的城乡居民的“居住条件”，应该包含着居住环境。1994 年，国家环保局等部门开始制定防止水流域污染的规章制度，防范水污染事件的发生。自 2005 年起，我国进入了环境污染事故的高发期，松花江重大水污染、江苏无锡太湖蓝藻暴发等一系列环境污染事件，给区域经济社会发展带来很大的负面影响，也对公众的身体健康带来影响。

政府开始关注农村生态环境的同时，学者们也开始进行相应的研究。以“农村生态环境”为主题，在中国知网进行检索，笔者发现 1983 年仅仅有 1 篇研究论文，论文作者呼吁农村社队工业要注意保护农业生态环境。1984 年有 4 篇论文，分别讨论了人口、能源和农村生态环境问题。这一时期，我国农村生态环境问题还不是很严重，所以研究者主要探讨的是农业可持续发展问题。随着农村经济以及乡镇企业的发展，随之而来的农村污染的加剧，使得研究日益增多。1994 年，有 30 篇相关研究论文。周毅所著的《21 世纪中国人口与资源、环境、农业可持续发展》（1997），探讨了农业、农村、农民即"三农"问题和农业可持续发展问题，以及与农村环境的关系。吴东霄、陈声明在《农业生态环境保护》（2007）一书列举了我国农业生态环境中所出现的突出问题，包括农业资源锐减、生态严重破坏、环境污染加剧、自然灾害频繁等等，并提出加强我国农业生态环境保护的相关措施。

进入 21 世纪，随着城镇化发展和现代农业的大发展，我国农村生态环境问题日益凸显，成为备受关注的问题，也成为学者们研究的热点。2004 年，相关的研究论文开始突破 100 篇，达到 114 篇。自 2006 年开始，随着社会主义新农村建设战略的提出，三农问题备受关注，关于农村生态环境的研究也大幅度增加，每年有三四百篇相关研究论文。

## 2. 对农村生态环境问题现状及成因的研究

学者们对农村生态环境问题的状况表现出极大的关注，对环境污染及其所带来的问题进行了研究。王秀红在《湖北省农村生态环境问题及解决对策》[1]（2006）一文中，对湖北省农村生态环境问题进行了研究，从水污染严重、土壤污染严重、固体废弃物随意堆放、大气污染显现空气质量恶化四个方面分析了农村生态环境状况。张晓的《生态文明建设中的农村环境污染现状与保护治理》（2018）[2] 一文从农业生产污染、乡镇企业污染、生活污染三个方面阐明了农村环境污染存在的主要问题及形成原因。

学者们从不同侧面、不同角度对农村生态环境问题的成因进行了分

---

[1] 湖北社科联. 湖北新农村建设的思路与对策——2006 湖北发展论坛 [C]. 武汉，2006：166-170.

[2] 张晓. 生态文明建设中的农村环境污染现状与保护治理 [J]. 安徽农学通报，2018（17）.

析。如王波、黄光伟（2006）从主客观两个方面进行了分析，认为"农村人均资源占有量过小、农村经济增长粗放、农村公共品供给不足、城市发展对农村资源需求加速等客观原因，片面追求经济增长速度的政绩观、人们环境保护意识不足以及政府监管不力不够等主观原因是造成我国农村生态破坏、环境污染严重的主要原因"。① 马晓丽（2004）从污染物的来源角度进行了具体分析，认为农药、化肥、农膜、畜禽粪便和资源开发利用不合理，是农村生态环境污染加剧的原因。② 岳正华（2004）③ 主要从农村城镇化的角度进行分析，认为作为我国经济现代化必然过程的农村城镇化，在客观上给我国造成了较为严重的生态环境影响，认为科学发展观的缺乏和制度安排上的缺陷是导致生态环境恶化的根本原因。王秀红（2006）认为，从表面上看，农村生态环境问题的产生原因是农村的生产生活方式以及工业污染没有治理等，但是背后还有深层次的根源，即城乡二元社会结构以及政策法规供给的不足。汪蕾、冯晓菲（2018）认为不合理的产权配置是造成农村生态环境困境的重要原因。

### 3. 对农村生态环境治理模式及对策的研究

学者们从不同理论视角对农村生态环境治理模式进行了研究。胡文婧（2015）④ 从公众参与视角探讨我国农村生态环境治理政策，认为应当提升公众环保参与意识、拓宽参与渠道吸引公众参与进来。缴爱超

---

① 王波，黄光伟. 我国农村生态环境保护问题研究 [J]. 生态经济，2006（12）.

② 马晓丽. 农村生态环境问题及环境保护 [J]. 晋中师范高等专科学校学报，2004（4）.

③ 岳正华. 农村城镇化产生的生态环境危害及成因分析 [J]. 农村经济，2004（8）.

④ 胡文婧. 公众参与视域下的我国农村生态环境治理政策研究 [J]. 农业经济，2015（10）.

（2013）① 认为社区已经成为我国农村环境治理主体的新选择，要构建以政府为主导，以农村社区为载体，社会各方面力量参与，重构社会资本，建立统一规划、协调行动的农村环境治理模式。肖永添（2018）② 从社会资本的视角，分析了其对农村生态环境治理的影响，探讨了政府治理机制与社会资本治理机制之间的关系，认为社会资本机制可以有效提高政府机制的治理能力，拓宽污染关系人的参与渠道；政府机制则可以解决大范围农村生态环境的治理问题，同时在一定程度上缓解社会资本机制所不能应对的新型生态环境治理问题。张俊哲、王春荣（2012）③ 提出由于中国农村社会的特殊性，农村环境治理急需建立由政府、市场、村民构成的多方参与、良性互动的多元主体共治模式。鲍宏礼（2013）④ 以湖北黄冈为例，探讨了农村"两型社会"建设中生态治理模式，根据生态治理中的元治理理论与利益相关者理论，认为"政府主导—利益相关者参与治理"的二元模式是黄冈农村生态治理模式的最佳选择，并提出了探索培育利益相关者参与生态治理的价值体系、利益相关者参与生态治理的效果评价体系、完善利益相关者参与治理的政策法律体系等方面的措施。

　　学者们在具体对策方面的研究比较多。马晓丽在分析农村环境污染具体来源的基础上，提出要通过加强宣传教育、提高农民环保意识、改善环境管理工作、提高科技水平、合理进行生态建设等措施，来解决农村生态环境问题。岳正华提出可持续城镇化发展对策。他针对农村城镇化给环境带来的负面影响，提出抑制生态环境恶化的关键在于牢固树立

---

① 缴爱超. 以社区为基础的农村环境治理模式研究 [D]. 燕山大学，2013.

② 肖永添. 社会资本影响农村生态环境治理的机制与对策分析 [J]. 理论探讨，2018（1）.

③ 张俊哲，王春荣. 论社会资本与中国农村环境治理模式创新 [J]. 社会科学战线，2012（3）.

④ 鲍宏礼. 农村"两型社会"建设中生态治理模式分析——以湖北黄冈为例 [J]. 黄冈师范学院学报，2013（1）.

科学的发展观，要通过制度创新和体制创新，走可持续的城镇化道路。孙涉①提出通过统筹城乡发展的方式来解决农村生态问题。他以南京为分析对象，认为必须坚定不移地实施可持续发展战略，统筹处理好城乡经济发展和生态环境保护的关系，不能以牺牲环境为代价发展经济。为此，需要树立科学的发展观和以人为本的思想，创建新型的城乡关系，建立新型发展模式。在实施统筹城乡资源开发和环境保护的同时，兼顾城乡利益，特别是要重视农村生态的保护、修复和重建，把区域生态保护和治理与城乡经济一体发展结合起来，把产业发展的选择与环境的持续优化结合起来。王秀红针对湖北农村生态问题提出的治理建议主要有：建立并完善有关农村环境保护的法律法规、建立农村环境保护机构、建立农村环境集中整治和治理制度、改进生产生活方式、提高农民环保意识、建立健全完整的约束与监督机制、建立生态农业和生态农村等。汪蕾、冯晓菲（2018）基于产权配置理论，从构建多样化的产权体系、强化产权市场机制及完善农村生态环境治理主体结构等三个层面，提出消除农村生态环境困境的相应对策。②

综上，国内学者对我国农村生态问题的主要表现以及产生原因进行了深入的分析，对如何治理农村生态也从不同的角度给出了建议。研究表明，农村生态环境问题主要表现为农村环境污染和农业生态的破坏两方面，导致生态环境问题产生的原因有生产生活方式等方面的直接的具体原因，也有价值观及环保意识层面的间接的深层次根源。在对策方面，学者们分别从治理模式选择、社会资本、法律保障、城镇化中的工业发展、生态农业与可持续农业、城乡一体化发展等方面，给出相应的对策建议。这些研究，为我国在美丽乡村建设中如何更好地进行生态建

① 孙涉. 统筹南京城乡资源开发与环境建设 实现人与自然和谐发展 [J]. 南京社会科学，2004（S1）.

② 汪蕾，冯晓菲. 我国农村生态环境治理存在问题及优化——基于产权配置视角 [J]. 理论探讨，2018（4）.

设，提供了参考。

分析已有研究文献，可以发现，从伦理的角度分析农村生态问题的较少，以伦理的更新为基础构建生态治理制度方面的研究基本上没有。没有深入到伦理价值观层面进行问题原因的分析，就给出解决对策的做法，有头痛医头脚痛医脚之嫌。因此，有必要从伦理视域来探讨我国乡村建设中的生态环境问题，并提出相应的治理对策。环境问题屡禁不止，环境治理达不到预期目的，重要的原因是认知不到位，是伦理价值观层面上的问题，因此，必须实现伦理的更新，确立起生态伦理观。要想实现美丽乡村建设的目标，就必须关爱自然，保护环境。

# 本 章 小 结

"美丽中国"是新时代我国社会主义现代化建设的目标，美丽乡村是美丽中国建设的必然要求，也是美丽中国建设的重中之重。美丽中国是环境之美、时代之美、生活之美、社会之美、百姓之美的总和。建设美丽中国和美丽乡村的核心，就是要按照生态文明要求进行生态、经济、政治、文化和社会建设。美丽乡村建设应该因地制宜，根据乡村的具体自然条件进行规划与发展。改善农村人居环境，进行农村生态治理，是当前我国乡村发展与乡村振兴中迫切需要解决的问题。

由于西方国家工业文明发展得比较早，环境污染、资源短缺以及生态破坏等问题也出现得比较早，所以西方国家在生态环境保护以及农村生态治理方面的研究比较早，研究成果也比较多。进入 21 世纪，随着城镇化发展和现代农业的大发展，我国农村生态环境问题日益凸显，农村生态环境治理成为备受关注的问题，也成为学者们研究的热点。通过对国内文献的梳理可以发现，从伦理的角度分析农村生态问题的较少，以伦理的更新为基础构建生态治理制度方面的研究基本上没有。而如果没有深入到伦理价值观层面进行问题原因的分析，就给出解决对策的做法，有头痛医头脚痛医脚之嫌。文献梳理为本文从伦理视域研究农村生态治理问题提供了理论依据。

# 第二章 现实问题：乡村生态环境之忧

"既要绿水青山，也要金山银山"，这是我国全面小康社会建设和现代化建设的必然要求。十九大报告指出："我们要建设的现代化是人与自然和谐共生的现代化，既要创造更多物质财富和精神财富以满足人民日益增长的美好生活需要，也要提供更多优质生态产品以满足人民日益增长的优美生态环境需要。"全面小康社会建设要求我们在提升人民群众生活水平的同时，也要关注人民日益增长的美好生活需要。良好的生态环境，是人们幸福生活的基本要求；同时，经济发展所带来的生活富裕也是幸福生活的一个必然要求。我们既要有富裕的物质生活，又要享受良好的生态环境，要让良好生态环境成为人民生活质量的增长点。可以说，我国全面小康社会建设和"中国梦"的实现，是以生态和经济的共同发展为前提的。当前，乡村成为我国现代化建设的短板，乡村生态环境问题严重制约着我国经济社会的协调、可持续发展，还自然以宁静、和谐、美丽，让乡村成为"看得见山、望得见水、记得住乡愁"的美丽家园，是当前美丽中国建设的目标。

## 第一节 生态之殇：乡村环境污染与生态恶化

乡村，亦泛指农村，在中国是指县城以下的广大地区。乡村不仅包括经济和各种社会活动，还包括空间因素，即自然环境的立体因素，是具有一定自然、社会经济特征和职能的地区综合体。

目前，我国农村某些地区已经成为污染的重灾区。2018 年 2 月，中共中央办公厅、国务院办公厅印发了《农村人居环境整治三年行动方案》，聚焦农村环境污染和"脏乱差"问题，要求开展农村人居环境整治。2018 年 11 月 7 日，生态环境部、农业农村部联合印发了《农业农村污染治理攻坚战行动计划》，要求通过三年的攻坚，到 2020 年，实现"一保两治三减四提升"："一保"，即保护农村饮用水水源，农村饮水安全更有保障；"两治"，即治理农村生活垃圾和污水，实现村庄环境干净整洁有序；"三减"，即减少化肥、农药使用量和农业用水总量；"四提升"，即提升主要由农业面源污染造成的超标水体水质、农业废弃物综合利用率、环境监管能力和农村居民参与度。这是中共中央、国务院面对乡村生态环境恶化这一经济社会发展的突出短板所做出的一系列针对性的举措，同时，它也从侧面反映出我国乡村所面临的严重生态问题。环境污染和生态破坏是乡村生态环境的两大问题。

**一、乡村环境污染严重**

乡村生态环境问题是指由工农业生产及农民生活活动造成的乡村生态环境的污染与破坏现象。当前，我国大部分乡村最突出的环境问题，是乡村饮用水水源保护、生活垃圾污水治理、养殖业和种植业污染防治问题，这也是农民群众最关心最现实的问题。乡村的内源污染主要有农药污染、化肥污染、地膜污染、秸秆污染、乡镇企业污染、畜禽集约养殖污染和生活污染等几个方面，外源污染主要是污染物转移污染和污染源转移污染。按照环境要素，可以将乡村的环境污染分为水污染、空气污染、土壤污染、固体废弃物（垃圾）污染等。

目前我国环境问题的一个新特点就是污染由城市向乡村转移，城市污染好转而乡村污染加重。经过近些年的综合治理，城市的各种污染有所好转，但乡村的大气污染、水污染、固体废弃物污染、土壤污染问题日益加重，严重影响农民的身心健康和生命安全。而从某种角度讲，城市环境改善是以牺牲乡村环境为代价的。例如随着重污染工业向乡村转移，城市的大气质量变好了，乡村的空气却越来越差了；通过截污和治理，城区水质改善了，乡村水质却恶化了，据报载，我国城市每年有2800多万吨废水流经乡村，污染着乡村的环境，直接威胁到农民的饮用水安全、农民的身体健康与生命安全；通过将城市生活垃圾简单填埋，城区面貌改善了，城乡接合部的垃圾二次污染加重了。

1. 水污染严重，给农民生活和生命安全造成很大的影响

2012年环保部的环境公报显示，我国乡村水污染比较严重，其中畜禽养殖和生活污染是主要污染源。国务院发展研究中心资源与环境政策研究所副所长常纪文认为，从总体上看我国农村水污染形势是不容乐观的。从地区分布来看，在工业不发达地区以及山区情况相对较好，东部地区在基本完成工业化进程后正在积极解决农村水污染问题，但是，随着工业化向内地的持续推进，部分污染企业从东部向西部迁徙，中部地区（湖北、湖南、江西等）农村水环境呈现恶化趋势，水污染逐渐自东向西、从下游向上游扩散。

（1）当前我国的水污染总体比较严重，水质状况不容乐观

《2017中国生态环境状况公报》显示：就全国地表水而言，2017年，1940个水质断面（点位）中，Ⅰ～Ⅲ类水质断面（点位）1317个，占67.9%；Ⅳ、Ⅴ类462个，占23.8%；劣Ⅴ类161个，占8.3%。与2016年相比，Ⅰ～Ⅲ类水质断面（点位）比例上升0.1个百分点，劣Ⅴ类下降0.3个百分点。2017年，长江、黄河、珠江、松花江、淮河、海河、辽河七大流域和浙闽片河流、西北诸河、西南诸河的1617个水质断面的水质，与2016年相比，Ⅰ类水质断面比例上升0.1个百分点，Ⅱ类下降5.1个百分点，Ⅲ类上升5.6个百分点，Ⅳ类上升1.2个百分点，Ⅴ类下降1.1个百分点，劣Ⅴ类下降0.7个百分点。从2017与2016年的数据对比可以看出，尽管我国采取了比较严格的水污染防治措施，但是效果不是很理想。水污染的整体形势未得到扭转，依然十分严峻，部分地区水质继续恶化。2017年发布的《"十二五"期间中国

各省（自治区、直辖市）地表水环境质量改善情况评估》报告也显示，自 2011 年以来，中国地表水在环境质量总体趋好的同时，局部地区仍存在水质恶化。

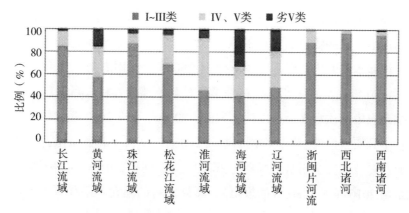

2017年七大流域和浙闽片河流、西北诸河、西南诸河水质状况

（本图引自：《2017 中国生态环境状况公报》）

2017 年，112 个重要湖泊（水库）中，Ⅰ类水质的湖泊（水库）6 个，占 5.4%；Ⅱ类 27 个，占 24.1%；Ⅲ类 37 个，占 33.0%；Ⅳ类 22 个，占 19.6%；Ⅴ类 8 个，占 7.1%；劣Ⅴ类 12 个，占 10.7%。从Ⅳ类、Ⅴ类和劣Ⅴ类总占比 37.4% 的比例可以看出，重点湖泊（水库）的水质不容乐观。

从空间看，水污染从地表水扩散到地下水，地下水污染形势十分严峻。国土资源部公布的《2012 年中国国土资源公报》显示，中国 198 个地市级行政区 4949 个监测点显示，近六成地下水为"差"，其中 16.8% 的监测点水质呈极差级。2017 年，国土资源部门对全国 31 个省（区、市）223 个地市级行政区的 5100 个监测点（其中国家级监测点 1000 个）开展了地下水水质监测。评价结果显示：水质为优良级、良好级、较好级、较差级和极差级的监测点分别占 8.8%、23.1%、1.5%、51.8% 和 14.8%。其中较差和极差的比例高达 66.6%，可见地下水水质总体状况不良。

（2）由于严重的水污染，农民的饮用水安全受到严重威胁

据有关资料显示：农村约有 3.6 亿人喝不上符合标准的饮用水，其中超过 60% 是由于非自然因素导致的饮用水源水质不达标；农村人口中与环境污染密切相关的恶性肿瘤死亡率逐年上升。可以说，农村水源受到污染，直接威胁到农民的饮用水安全和农民的身体健康与生命安全。说起水的变化，有些村民形容为：60 年代饮用灌溉，70 年代淘米洗菜，80 年代水质变坏，现在是黑臭难耐。部分农村水污染已经严重影响到农民的饮水安全。以湖北为例，2006 年有近 2000 万农村人口饮水达不到安全标准。① 根据网易新闻 2006 年 12 月 1 日的报道，在江汉平原农村，不安全用水人群高达 360.18 万。到了 2016 年（根据腾讯·大楚网 2016 年 3 月 30 日的报道），千湖之省的湖北，还有 900 多万人喝着不安全的水。

水污染严重影响到人们的生活和身体健康。以湖北省的艾堤村这个有名的"癌症村"为例。据《人民日报》2004 年 11 月 15 日的报道，湖北省应城市黄滩镇艾堤村环境污染严重，农民患怪病多。由于村前屋后的河流、港沟污染严重，该市黄滩镇艾堤村村民长期饮用已被污水渗透的井水，得癌症和怪病的村民不少。据调查，近四五年来，艾堤村有 7 人患癌症身亡；今年 10 月以来，有两人先后被确诊患癌症，正在死亡线上挣扎。在不到 200 人的艾堤村 4 组就先后有 5 人患癌症。由于污染影响，全镇在老县河两岸现有 1.95 万亩耕地、1400 亩鱼塘不能正常经营，8500 名居民出现饮水困难，两岸 13 个村村民靠打井来提取饮用水，现已打井 7000 口。而水井不够深，井水也受到污染，一些村的农民甚至只能购买纯净水生活。该村是农村水污染严重地区的一个缩影。目前，中国"癌症村的数量超过 247 个，涵盖大陆的 27 个省份"。② 根

---

① 湖北筹资 39 亿元解决血吸虫病疫区饮水安全问题 [EB/OL]. 中国新闻网, http://news.sohu.com/20061216/n247082070.shtml.

② "癌症村"接连曝光 矛头直指水污染 [N]. 经济参考报, 2018-08-12.

据 2014 年《自然》杂志上《公共卫生：中国饮用水的可持续发展计划》一文，我国每年有 1.9 亿人因水污染致病，6 万人因水污染引发的疾病（如肝脏和胃肠道癌症）死亡。2013 年《经济参考报》的记者赴安徽、山东、河北、陕西等地的农村，进行深入采访，披露了当下农村触目惊心的水污染现状，并将癌症高发的矛头指向饮用水受到污染。

农村水污染主要包括工业企业导致的水污染、农药化肥使用导致的水污染、农民生活污水排放导致的水污染、农村畜禽渔业养殖导致的水污染。

### 2. 土壤污染日益严重，威胁农产品的安全和农业的可持续发展

土壤是指陆地表面厚度一般在 2 m 左右的具有肥力、能够生长植物的疏松表层，它不仅能为植物生长提供机械支撑能力，也能够提供植物生长发育所需要的水、肥、气、热等肥力要素。土壤污染物大致可分为无机污染物和有机污染物两类。当土壤中的有害物质超过土壤的自净能力，就会引起土壤组成、结构和功能等方面的变化和微生物活动的抑制；当土壤中的有害物质或其分解物逐渐积累并通过"土壤→植物→人体"或"土壤→水→人体"而间接被人体吸收，达到危害人体健康的程度，就是土壤污染。例如 2016 年河南新乡发现的部分"镉麦"，镉的含量比国家标准超标 34.1 倍，其根源就在于土壤污染。土壤污染具有隐蔽性和滞后性特征，通过感官无法发现，从污染产生到问题出现往往会滞后较长的时间，如日本的"痛痛病"经过了 10~20 年之后才被人们所认识。正因为土壤污染的累积性、滞后性和不可逆转等特点，污染一旦发生，治理难度很大。土壤污染的主要人为来源为工业活动、采矿、城市和交通基础设施、废物和污水的产生和处置、军事活动和战争、农业和畜牧业活动等。

据报道，20 世纪末到 21 世纪初，我国酸雨面积一度高达国土面积的 40% 以上；土壤重金属污染面积至少达 2000 万公顷，农药污染面积约 1300 万~1600 万公顷；我国因固体废弃物堆放而被占用和毁损的农

田面积已达 200 万亩以上，农田退化面积占农田总面积的 20%。由于污水灌溉、堆置固体废弃物、承受了大量工业污染的转移，农村土壤的重金属污染已经延伸到了食品污染。我国污灌面积由 1978 年的约 4000 平方公里增加到 2003 年的 3 万平方公里，约占全国总灌溉面积的 10%。全国因固体废弃物堆存被占用或毁损的农田为 1300 平方公里。2012 年，国土资源部的统计资料表明，当前全国耕地面积的 10% 以上已受到不同程度的重金属污染。其中，受矿区污染耕地为 200 万公顷，石油污染耕地约 500 万公顷，固体废弃物堆放污染约 5 万公顷，"工业三废" 污染近 1000 万公顷，污灌农田达 330 多万公顷。①

根据环境保护部和国土资源部 2014 年发布的《全国土壤污染状况调查公报》，"调查结果显示，全国土壤环境状况总体不容乐观，部分地区土壤污染较重，耕地土壤环境质量堪忧，工矿业废弃地土壤环境问题突出"。② 这是我国自 2005 年 4 月至 2013 年 12 月期间开展的首次对全国土壤污染状况进行的调查，调查范围为中华人民共和国境内（未含港、澳、台地区）的陆地国土，调查点位覆盖全部耕地及部分林地、草地、未利用地和建设用地。报告显示：全国土壤总的点位超标率为 16.1%，其中轻微、轻度、中度和重度污染点位比例分别为 11.2%、2.3%、1.5% 和 1.1%。其中耕地有 19.4% 受到污染，林地有 10.0%、草地有 10.4%、未利用地有 11.4% 受到污染。也就是说，中国有 16.1% 的土壤和 19.4% 的农业土壤是受污染土壤。从污染分布情况看，南方土壤污染重于北方；长江三角洲、珠江三角洲、东北老工业基地等部分区域土壤污染问题较为突出，西南、中南地区土壤重金属超标范围较大；镉、汞、砷、铅 4 种无机污染物含量分布呈现从西北到东南、从东北到西南方向逐渐升高的态势。

---

① 构建 "排毒" 体系拯救被污染的土地［EB/OL］. 中国网，http：//finance. www. china. com. cn/roll/20130531/1518258. shtml.

② 全国土壤污染状况调查公报（全文）［EB/OL］. 中国发展门户网，http：//cn. chinagate. cn/environment/2014-04/17/content_32128786. htm.

（1）酸雨在国外被称为"空中死神"，危害性极大，也是土壤污染的主要源头

酸雨的形成主要是因为人为向大气中排放大量酸性物质从而污染了雨水。20世纪80年代，中国酸雨面积达170万平方公里，主要还只发生在以重庆、贵阳和柳州为代表的川、黔和两广地区。到了20世纪90年代中期，酸雨面积扩大了100多万平方公里，以长沙、赣州、南昌、怀化为代表的华中酸雨区现已成为全国酸雨污染最严重的地区。到了21世纪，这一状况有了可喜的变化。根据《2017中国生态环境状况公报》，我国"酸雨区面积约62万平方千米，占国土面积的6.4%，比2016年下降0.8个百分点；其中，较重酸雨区面积占国土面积的比例为0.9%。酸雨污染主要分布在长江以南—云贵高原以东地区，主要包括浙江、上海的大部分地区，江西中北部、福建中北部、湖南中东部、广东中部、重庆南部、江苏南部、安徽南部的少部分地区"。就土壤而言，酸雨对土壤的影响极大。它会导致土壤酸化和土壤结构改变，进而导致土壤贫瘠和农作物减产，还可能引起植物虫害和森林虫害的发生等。

（2）不合理使用化肥、农药等农用物资，导致土壤受到污染

我国人多地少，土地资源的开发已接近极限，化肥、农药的施用成为提高土地产出水平的重要途径，加之化肥、农药使用量大的蔬菜生产发展迅猛，使得我国已成为世界上使用化肥、农药数量最大的国家。

据统计，"从1979年至2013年35年间，我国化肥使用量由1086万吨增加到5912万吨，年均增产率5.2%"。[①] 自20世纪80年代以来，我国化肥施用量与日俱增，2010年达到5545万吨，是1980年用量的4.4倍。2016年我国粮食产量占世界的16%，化肥用量占世界总量的31%，相当于美国、印度的总和；每公顷化肥用量是世界平均用量的4

---

① 2020年实现化肥农药使用量零增长［EB/OL］. 人民网，http：//politics. people. com. cn/n/2015/0318/c1001-26708511. html.

倍，远远超过发达国家为防止化肥对土壤和水体造成危害而设置的
22.5 吨/平方公里的安全上限。而且，在化肥施用中还存在各种肥之间
结构不合理等现象。过量的化肥很快被水冲到地下而影响土壤的营养
平衡。

我国每年 180 万吨的农药用量，有效利用率不足 30%，大部分进入
了水体、土壤及农产品中，使全国耕地遭受了不同程度的污染，并直接
威胁到人群健康。2012 年到 2014 年农作物病虫害防治农药年均使用量
为 31.1 万吨。2002 年对 16 个省会城市蔬菜批发市场的监测表明，农
药总检出率为 20%～60%，总超标率为 20%～45%，远远超出发达国家
的相应检出率。2016 年国际环保绿色和平组织公布的《2016 年六大超
市蔬菜农药残留调查》指出，中国 8 座主要城市的沃尔玛、家乐福、
华润万家等六大知名连锁超市蔬菜（共 119 个样品）普遍存在违禁农
残、混合农残、农残超标的情况，蔬菜农残检出率均在 70% 以上，在
119 个样品中，12 个样品上的农药残留超过国家标准规定。此外，化肥
和农药这两类污染在很多地区还直接破坏农业伴随型生态系统，对鱼
类、两栖类、水禽、兽类的生存造成巨大的威胁。化肥和农药已经使我
国东部地区的水环境污染从常规的点源污染转向面源与点源结合的复合
污染。因此，2015 年农业部开始启动实施我国农业生产到 2020 年化肥
和农药使用量零增长行动。

此外，农村地区规模化养殖业所排放的粪便未经处理，随意处置，
也造成土壤的污染。某些地方工业"三废"直接排放，也间接污染了
土地。土壤受到污染不仅直接影响到土壤的再生产能力，而且也威胁到
食用农产品的质量。土壤受污染严重，土地退化加快，影响农业的可持
续发展。

3. 空气质量恶化，影响农民健康和生活

随着乡村经济的发展和乡村建设活动的不断深入，一些农村特别是
在中东部地区的农村，大气污染问题也逐渐凸显出来。2014 年，全国

人大常委会大气污染防治法执法检查组在长三角部分地区检查时发现，很多农村地区的空气质量也不容乐观。当前，我国大气污染防治存在"重城市，轻农村"的问题。伴随着城市大气污染治理标准更加严苛，一些"高耗能，高污染"企业开始向管理相对宽松甚至空白的郊区或农村转移，导致了农村空气质量的恶化。由于地域环境、生活水平、经济发展水平以及生活习俗等地域特点与城市不同，这决定了农村空气质量的影响因素也不同于城市。

（1）工业发展导致的空气污染

我国农村工业企业最早主要是改革开放以来伴随着国内经济发展而蓬勃发展起来的乡镇企业，而乡镇企业的规模小、条件差、环保设施缺乏等特点决定了其自身在环境保护方面的缺陷，进而导致乡镇企业污染大气的问题突出。据国内统计资料分析，乡镇工业废气中二氧化碳和烟尘的排放量占同类指标的比重较大。而乡镇企业由于经济能力有限，在环境保护设施投入方面表现乏力。21世纪以来，随着县域经济的发展和县城城镇化范围不断扩大，越来越多的企业开始进入农村发展。由于城市环境质量标准的提高、污染治理力度的加大以及城市空间规划的调整，一些工业企业尤其是污染较大的企业开始向城郊和农村转移。这些工业企业的"下乡"，也带来了大气污染的隐患。另外，个别地方的农村也出现了土地利用率差的企业烂尾项目，这些烂尾项目扬沙问题严重，也在一定程度上加重了大气污染。

（2）以秸秆为主的垃圾焚烧导致的空气污染

秸秆是农业生产的废弃物，其燃烧对全球大气环境和气候系统会产生不良影响。随着农村生活水平的持续不断提高，农村能源消费转为燃煤能源，使得秸秆的日常使用量大幅度下降，形成了大量的秸秆剩余。"2006—2007年我国作物秸秆量及其在8个地区的分布，结果表明，秸秆资源总量为7.4亿吨，包括6.5亿吨田间秸秆和0.9亿吨作物加工副产物。"[①] 我国

---

① 刘检琴，等. 国内外农村空气污染研究进展 [J]. 环境保护与循环经济，2015（7）：10.

粮食秸秆露天焚烧量平均为 $0.94 \times 10^8$ 吨，约占粮食作物秸秆总量的 19%，其中稻谷秸秆露天焚烧量占到粮食秸秆露天焚烧量的 43.1%；粮食作物秸秆露天焚烧排放的 CO 和 $CO_2$ 总量平均每年分别为 $9.19 \times 10^6$ 吨和 $1.07 \times 10^8$ 吨；排放的总碳量平均每年为 $3.32 \times 10^7$ 吨。当这些秸秆焚烧时，区域内空气质量明显下降。[①] 环保部发布的通报显示，2015 年 10 月 23—25 日，山西南部、山东东部和河南大部以轻度至中度污染为主，山东西部以中度至重度污染为主，这其中大部分区域都存在焚烧秸秆的情况。将卫星遥感监测到的秸秆焚烧火点情况和大气环境质量监测情况结合起来看，可以得出露天焚烧秸秆对大气环境质量有一定的影响的结论。有专家根据研究发现，在焚烧秸秆高发期出现的严重污染天气中，焚烧秸秆带来的污染物对雾霾的贡献率可达 20% 左右。

随着近些年来雾霾成为全民关注的痛点，如何解决秸秆焚烧所带来的空气污染问题愈受关注。从 1999 年起，国家环保总局和农业部等 6 部局就联合发布了《秸秆禁烧和综合利用管理办法》，《中华人民共和国大气污染防治法》（2015）第 41 条也禁止露天焚烧秸秆。为了落实大气污染防治法的这一要求，国务院办公厅于 2015 年 11 月下发了《关于加快推进农作物秸秆综合利用的意见》，要求加快推进秸秆综合利用产业化，加大秸秆禁烧力度，进一步落实地方政府职责，不断提高禁烧监管水平，促进农民增收、环境改善和农业可持续发展。为了禁止秸秆焚烧，2015 年河北省出台了《河北省人大常委会关于促进农作物秸秆综合利用和禁止露天焚烧的决定》，这是全国率先制定出台的一项创制性立法。其中既明确了各级政府应当采取扶持政策措施、积极推进秸秆收集储运利用项目建设、加快推进秸秆综合利用科技创新等事项，同时也加大了对秸秆焚烧的处罚力度，规定露天烧秸秆者，可以处 500 元以上 2000 元以下罚款；情节严重，构成犯罪的，依法追究刑事责任。吉

---

① 刘检琴，等. 国内外农村空气污染研究进展 [J]. 环境保护与循环经济，2015（7）：10.

林、江苏、陕西、湖南等省也先后出台了相应的法规，以推动秸秆的综合利用，杜绝露天焚烧现象。

近年来，露天焚烧火点数明显减少，但是部分地区秸秆露天焚烧现象仍屡屡发生。根据央视网的报道，在近年各地政府纷纷出台严格禁烧令的大背景下，卫星遥感监测的数据显示，2017 年我国秸秆禁烧形势总体上仍然严峻。从 2017 年 9 月 20 日到 11 月 15 日，环保部卫星环境应用中心共监测到全国的秸秆焚烧火点 3638 个。京津冀及周边地区在高压禁烧政策之下，火点有所下降，但东北地区大幅度上升，黑龙江省监测到的火点增加了约 41%，而吉林省更是增加了 783%。秸秆焚烧屡禁不止，表明禁止焚烧不能一刀切，应该多项举措解决这一问题。

**2017 年 9 月 20 日至 11 月 15 日全国各省火点与 2016 年同期对比表**

| 省份 | 2017 | 2016 | 同期增减情况 |
|---|---|---|---|
| 黑龙江省 | 1994 | 1417 | 577 |
| 吉林省 | 989 | 112 | 877 |
| 内蒙古自治区 | 373 | 139 | 234 |
| 辽宁省 | 79 | 86 | −7 |
| 山西省 | 51 | 151 | −100 |
| 河北省 | 43 | 42 | 1 |
| 湖北省 | 25 | 5 | 20 |
| 新疆维吾尔自治区 | 17 | 45 | −28 |
| 甘肃省 | 16 | 18 | −2 |
| 山东省 | 10 | 56 | −46 |
| 安徽省 | 9 | 2 | 7 |
| 河南省 | 9 | 1 | 8 |

（资料来源：央视网，news.cctv.com/2017/11/19/ARTIutigbp2rbAvUNMQdBgnf 171119.shtm。）

（3）农药、化肥大规模使用带来的空气污染

集约化种植和农业产业化管理是推进乡村农业发展的重要途径，这在东北和山东寿光等地得到了验证。随着产业化种植的规模不断扩大，集约化种植中所使用的农药、化肥量很大。由于缺乏对农药、化肥副作用的足够认识，忽视其对大气产生的不良影响，造成农村空气污染日益严重。资料显示，以喷雾剂式进行农药喷洒，仅有 10% 的农药能够附于作物之上，很大一部分农药微颗粒散发到空气当中，随风飘散污染空气，会加剧雾霾的产生。大规模的农药、化肥使用，给农村大气带来很多的负面影响。

（4）农村畜禽养殖业带来的空气污染

随着农村经济的发展和产业结构的调整，我国农村畜牧业在规模和质量上都得到了快速发展，但是受养殖模式、养殖成本等因素的影响，畜禽养殖业所带来的环境污染问题十分严峻。资料显示，2015 年我国畜禽粪便产生量已达到 60 亿吨。

畜禽粪便对大气的污染主要表现在两个方面：一是畜禽粪便大量堆积时，其臭味使人无法忍受，严重影响周边的空气质量，而且粪便中的有毒有害物质会进入大气环境中，进而严重危害人类身体健康。我国规模化养殖不多，农村大量存在的小规模养殖，由于是靠近生活居住地养殖并缺乏相应的技术标准和环保措施，导致的空气污染更加直接和严重。近年来，畜禽养殖污染已经成为农村及城郊接合部环境污染的主要来源之一，由畜禽养殖所带来的邻里矛盾和纠纷也日益增多。资料显示，2013 年江苏海门市环保举报中心接受的由养殖业引起的纠纷咨询近 200 起，约占当年环境信访总量的 20%。二是畜禽饲养会带来温室效应。目前畜牧业是我国农业领域第一大甲烷排放源，也是全球排名第二的温室气体来源，人类活动产生的温室气体中，有 15% 左右来自畜牧业。经联合国粮农组织测算，全球每年由畜禽养殖产生的温室气体所引发的升温效应相当于 71 亿吨二氧化碳当量。在畜禽动物中，牛是最大的温室气体制造者，每年畜牧业甲烷排放总量

中，有 70% 以上来自牛。2013 年 11 月 11 日国务院颁布了《畜禽规模养殖污染防治条例》，2016 年环境保护部与农业部联合发布了《关于进一步加强畜禽养殖污染防治工作的通知》，都对畜禽养殖污染防治作出了规定。

4. 固体废弃物（垃圾）随意堆放，影响人居环境

固体废弃物也就是通常所说的垃圾，是指那些在生产、生活或者其他活动中丧失其使用价值，或者被丢弃的物品。随着农村经济的发展和农民生活水平的大幅提升，我国农村生活垃圾数量、种类也随之增加，在一些小城镇和农村聚居点，生活垃圾因为基础设施和管制的缺失而随意堆放和丢弃，造成严重的"脏乱差"现象。一个事实是，我国 40% 左右的建制村缺乏垃圾集中处理设施，可以说，很多地方的农村生活垃圾几乎是全部露天堆放的。对全国 141 个村的调查显示，有 75.9% 的村落都受到了不同程度的污染，在众多污染源中，生活污染源对农村环境的影响最大。①

据统计，2014 年我国村镇生活垃圾产生量为 1.16 亿吨，与同年《人民日报》中报道的 1.10 亿吨相当，采用各省产量加和计算，中国农村生活垃圾的产生量为 1.48 亿吨。② 多项研究表明，我国农村生活垃圾主要可以分为厨余类、灰土类、橡塑类和纸类，而且厨余、纸类、橡塑类垃圾含量呈升高趋势。农村生活垃圾的组成逐渐城市化，但与城市生活垃圾组分相比，具有低厨余和低金属含量、高灰土含量的特点。生活垃圾产生量总体上北方高于南方，东部高于西部，北方和东部经济发达地区产生量最高；生活垃圾的组成也呈现出显著的地区差异，南方农村生活垃圾主要以厨余为主，占比 43.56%，其次是渣土，占比

---

① 唐丽霞，左停. 中国农村污染状况调查与分析：来自全国 141 个村的数据 [J]. 中国农村观察，2008（1）：31-38.

② 韩智勇，等. 中国农村生活垃圾的产生量与物理特性分析及处理建议 [J]. 农业工程学报，2017（8）：2.

26.56%，而北方地区渣土占比高达 64.52%，厨余占 25.69%。农村生活垃圾来源很广泛，主要有生活垃圾、人畜禽粪便和农作物秸秆、农产品加工废弃物等。有关统计表明，目前农村垃圾人均产生量和构成已接近于城市，农业固体废弃物远远超过工业固体废弃物，但是农村缺乏对生活垃圾的有效管理和合理处置，导致农村很多地方垃圾遍地，严重影响人居环境。

2010 年中央 1 号文件强调要稳步推进农村环境综合整治，搞好垃圾、污水治理，改善农村人居环境，自此，我国开始向农村垃圾问题宣战。各地政府加大了对农村环境整治的投入，很多农村开始进行垃圾收集和集中处理。统计数据显示，我国东部地区有生活垃圾收集点的行政区比例达到了 82%，对生活垃圾进行处理的比例达到了 68%，中部、东北地区比例达到 50%，而西部地区因为经济条件限制，生活垃圾的收集和处理都相对滞后。

2018 年，中共中央办公厅、国务院办公厅印发了《农村人居环境整治三年行动方案》，就是要通过加强统筹协调，整合各种资源，强化各项举措，针对农村的环境污染和"脏乱差"问题，稳步有序地推进农村人居环境治理，让农民有更多的获得感和幸福感。2018 年 11 月，生态环境部、农业农村部联合印发了《农业农村污染治理攻坚战行动计划》，从总体要求、主要任务和保障措施等方面部署了针对农业农村污染进行治理的攻坚战。我们有理由相信，未来几年，农村的人居环境会有极大的改变。

## 二、乡村生态破坏严重

生态破坏是人类社会活动引起的生态退化及由此衍生的环境效应，导致了环境结构和功能的变化，对人类生存发展以及环境本身发展产生不利影响的现象。生态破坏主要包括：水土流失、沙漠化、荒漠化、森林锐减、土地退化、生物多样性的减少，此外还有湖泊的富营养化、地下水漏斗、地面下沉等。① 由于人类不合理的开发、利用，导致自然生态环境受到破坏从而使人类以及动物、植物的生存条件恶化。中华人民共和国成立以来，尤其是改革开放以来，我国大规模的建设和高速的经济发展，给自然生态带来极大的冲击和破坏，这也使得广大农村地区生态恶化。

生态退化（生态恶化）是当前我国农村面临的另一重要环境问题。生态退化是指由于人类对自然资源过度和不合理利用而造成的生态系统结构破坏、功能衰退、生物多样性减少、生产力下降、水土资源丧失等一系列生态环境恶化现象。其特点是：一旦生态环境遭到破坏，生态平衡失调，恢复起来就非常困难，而且有些破坏甚至是不可逆转的。正如国家环保官员所言，"农村在为城市装满'米袋子'、'菜篮子'的同时，出现了地力衰竭、生态退化和农业面源污染问题"。② 为改善自己的生活和满足城市及社会的需要，农民对自然资源进行不合理的开发利用，造成农村的生态破坏：森林乱伐、荒地滥垦等掠夺性的开发，造成了水土流失；过度放牧导致草场退化、沙化；不合理使用化肥、农药、农膜，污染了农业生态环境，也导致了土壤肥力的退化。可以说生态环境恶化给我国农民带来的经济和健康损失，比经济负担更为沉重。

当前我国广大农村主要生态破坏问题有：森林面积减少、草原资源退化、耕地面积减少、土壤质量下降、水土流失严重、土地荒漠化加剧、农村人口过多、动植物种群减少等。

1. 土地方面：水土流失和荒漠化、沙化

（1）我国的水土流失分布范围广、面积大

根据 2002 年水利部公布的第二次水土流失遥感调查结果，中国的

---

① 左玉辉. 环境学［M］. 北京：高等教育出版社，2002：14.

② 环保总局副局长潘岳：公平的环保促进社会的公平［EB／OL］.（2004-11-01）. http：//news. sina. com. cn/c/2004-11-01/ba4778087. shtml.

水土流失面积达 356 万平方公里，占国土总面积的 37%，其中水力侵蚀面积达 165 万平方公里，风力侵蚀面积达 191 万平方公里。与 10 年前的第一次水土流失遥感调查结果相比较，全国水土流失总面积由 367 万平方公里下降到 356 万平方公里，仅减少了 11 万平方公里。①

水土流失带来严重的土壤流失。"根据统计，我国每年流失的土壤近 50 亿吨，相当于耕作层为 33 厘米的耕地 130 万公顷，减少耕地 300 万公顷，经济损失 100 亿元，且许多内陆河以高含沙量著称世界，仅以黄河为例，黄河下游河床每年以 10 厘米的速度在抬升，已高出地面 3~10 米，成为地上悬河。由于淤积，全国损失水库容量累计 200 亿立方米。"② 可以看出我国是世界上水土流失最为严重的国家之一，水土流失几乎遍及所有大的江河流域，而且具有流失面积大、波及范围广、发展速度快、侵蚀层度高、泥沙流失量大、危害严重等特点。水土流失威胁了国家生态安全、饮水安全、防洪安全和粮食安全，制约着经济社会的发展。

为了防止水土流失的扩大，1991 年我国颁布实施了《中华人民共和国水土保持法》，依法规划了 23 个国家级水土流失重点预防区和 17 个重点治理区，全国累计有 38 万个生产建设项目制定并实施了水土保持方案，防治水土流失面积超过 15 万平方公里。这些水土保持措施取得了良好效果。据《2017 中国生态环境状况公报》，第一次全国水利普查成果显示，中国现有土壤侵蚀总面积 294.9 万平方公里，占普查范围总面积的 31.1%。其中，水力侵蚀 129.3 万平方公里，风力侵蚀面积 165.6 万平方公里。与 2002 年相比较，水土流失面积减少了 61.1 万平方公里。

---

① 于小晗. 西部省区水土流失不减反增——最新遥感调查显示全国范围内未得到有效控制 [J]. 当代生态农业，2002（Z1）.

② 中国水资源现状 [EB/OL]. http：//www.chinabgao.com/k/shuiziyuan/29209.html.

（2）我国荒漠化土地面积大、分布广、危害重，治理难度大

根据 1998 年国家林业局防治荒漠化办公室等政府部门发布的材料，全国荒漠化面积 262.2 万平方公里，占国土总面积的 27.4%，遍及 13 个省市区的 598 个县（旗），近 4 亿人口受到影响，每年造成直接经济损失达 541 亿元。目前荒漠化发展速度还在进一步加快。研究表明：在 20 世纪 50—70 年代，我国沙漠化土地平均每年扩大 1560 平方公里，进入 80 年代每年增加到 2100 平方公里，1990—1994 年沙漠化土地则以每年 2460 平方公里的速度发展，因此而造成的草场退化达 8418.8 万平方公里，耕地退化 283.8 万平方公里，扬尘天气迅速增加，造成了巨大的经济损失和严重的生态后果，治理速度赶不上破坏的速度，甚至陷入一边治理、一边破坏的恶性循环。[1]

我国很早就开始注重沙漠化的防治工作。自 1996 年起，我国建立了一套全国荒漠化监测体系。此外，成立了由 18 个部委组成的国家防治荒漠化的协调委员会，在国家层面上对荒漠化防治给予协调。2001 年我国颁布了《防沙治沙法》，制定了一系列的预防措施，在治理沙漠、保障措施等方面都有了明确的规定，我国走向了大规模治理沙漠的道路。

目前中国荒漠化不断扩张的情况得到了遏制。监测结果表明，自 2004 年以来，我国荒漠化和沙化状况连续 3 个监测期"双缩减"，呈现整体遏制、持续缩减、功能增强、成效明显的良好态势，但防治形势依然严峻。2005 年至 2009 年荒漠化开始减少，减少了 1717 平方公里。第五次全国荒漠化和沙化监测结果显示，截至 2014 年，全国荒漠化土地面积 261.16 万平方公里，沙化土地面积 172.12 万平方公里。与 2009 年相比，5 年间荒漠化土地面积净减少 12120 平方公里，年均减少 2424 平方公里；沙化土地面积净减少 9902 平方公里，年均

---

① 周立华，樊胜岳. 中国土地沙漠化的现状、成因和治理途径 [J]. 中国环境管理，2000（4）：4.

减少 1980 平方公里。①

尽管我国防沙治沙工作取得了良好效果，但是荒漠化和沙化仍然是我国最严重的生态问题。2015 年 12 月 29 日，国务院新闻办与国家林业局联合发布第五次全国荒漠化和沙化监测结果，荒漠化和沙化土地面积分别仍占国土面积的 1/4 以上和 1/6 以上。

（3）耕地面积持续减少

我国耕地面积排世界第 3，仅次于美国和印度。但由于我国人口众多，人均耕地面积排在 126 位以后，人均耕地仅 1.4 亩，还不到世界人均耕地面积的一半。由于发展经济、城镇化建设等方面的需要，我国的耕地面积正逐年减少。耕地事关国家的粮食安全，更关系到广大农民群众的福祉乃至生存。

根据国土资源部门发布的统计数据，1996 年底，全国耕地面积为 19.51 亿亩。2003 年底，全国耕地面积为 18.51 亿亩，比 1996 年减少 1 亿亩。2005 年 10 月 31 日，我国耕地面积为 18.31 亿亩，比上年度净减少 600 万亩，全国人均耕地面积由 2004 年的 1.41 亩降为 1.4 亩。截至 2006 年 10 月 31 日，全国耕地面积为 18.27 亿亩，比上年度末净减少 400 万亩，全国人均耕地面积 1.39 亩，逼近 18 亿亩的红线。2009 年国土资源部的调查结果显示，截至 2008 年 12 月 31 日，全国耕地面积为 18.2574 亿亩，又比上一年度减少 26 万亩。

"全国耕地按质量等级由高到低依次划分为一至十等。评价为一至三等的耕地面积为 4.98 亿亩，占耕地总面积的 27.3%。评价为四至六等的耕地面积为 8.18 亿亩，占耕地总面积的 44.8%。评价为七至十等的耕地面积为 5.10 亿亩，占耕地总面积的 27.9%。"② 中、低等地的比

---

① 第五次全国荒漠化和沙化土地监测情况发布会要点 [EB/OL]. （2015-12-29）. http：//news. eastday. com/eastday/13news/auto/news/china/20151229/u7ai512 6756. html.

② 关于全国耕地质量等级情况的公报 [EB/OL]. （2017-11-29）. http：// www. moa. gov. cn/nybgb/2015/yi/201711/t20171129_ 5922750. html.

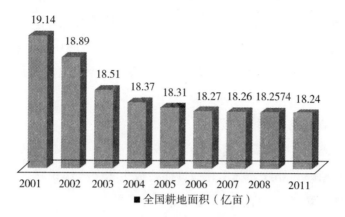

2001 年以来中国耕地面积数据

（资料来源：国土资源部统计数据）

例超过 70%，表明我国土地质量堪忧。

## 2. 自然生态方面：农民生活受限地域广

《2017 中国生态环境状况报告》显示：2016 年，全国 2591 个县域中，生态环境质量为"优""良""一般""较差"和"差"的县域分别有 534 个、924 个、766 个、341 个和 26 个。"优"和"良"的县域面积占国土面积的 42.0%，主要分布在秦岭—淮河以南及东北的大小兴安岭和长白山地区；"一般"的县域占 24.5%，主要分布在华北平原、黄淮海平原、东北平原中西部和内蒙古中部；"较差"和"差"的县域占 33.5%，主要分布在内蒙古西部、甘肃中西部、西藏西部和新疆大部。生态环境状况指数大于或等于 75 为优，植被覆盖度高，生物多样性丰富，生态系统稳定；20~35 为较差，植被覆盖较差，严重干旱少雨，物种较少，存在明显限制人类生活的因素；小于 20 为差，条件较恶劣，人类生活受到限制。"较差"和"差"的县域占 33.5%，加上占 24.5% 的"一般"县域，加起来比例达到 58%，说明在这些地区人类生活受到限制或者有不适合人类生活的制约性因子出现。对其中

723 个县域 2015—2017 年间的生态环境变化进行考核结果显示，与 2015 年相比，2017 年生态环境"变好"的县域有 57 个，占 7.9%；"基本稳定"的县域有 585 个，占 80.9%；"变差"的县域有 81 个，占 11.2%。大部分县域的生态环境质量比较稳定，令人忧心的是"变差"的县域比例高于"变好"的县域。

（1）森林退化后恢复较慢

林木滥伐会引起森林退化、生物多样性下降；森林砍伐和树种单一化加剧等原因会导致森林退化，进而造成生物多样性锐减、水资源短缺、局部气候变化、自然灾害增多等多种后果。

1949 年以后，我国森林退化明显，并呈现阶段性特点：第一阶段从 1949 年末到 1980 年，主要是森林的消失及由此带来的生态问题。这一时期，我国森林覆盖率不断降低。在经历了 1958 年、1968 年和 1978 年几乎是每隔 10 年 1 次的大规模掠夺性开发和自然破坏之后，森林面积和森林质量大幅度下降。森林减少带来的不良后果是水源缺乏、水土流失以及自然灾害频发等。森林生态环境破坏最为严重的毕节市，森林覆盖率由 1950 年代初期的 25%，下降至 1980 年代初期的 6.4%。生态失调造成各种自然灾害频率陡增，以中等程度以上灾害统计，50 年代发生 3 次，60 年代为 5 次，70 年代达 30 次，80 年代则年年十多次。①

第二阶段自 1980 年起，是森林的恢复时期。自 1980 年代以来，随着我国森林保护政策的实施以及植树造林的推进，人工林面积迅速增加。到 2000 年左右，我国森林覆盖率恢复到 20% 左右。虽然森林覆盖率迅速提高，但是也存在一些深层次的生态问题，那就是单一化的人工林导致物种的多样性锐减。虽然森林质量有所改善，但改善程度不高，一些地方森林生态系统退化与生态功能衰退的局面仍未得到改善。森林

---

① 耿言虎. 从生活世界到自然资源："人—自然"关系演变视角下的森林退化——基于云南 M 县田野调查 [J]. 中国农业大学学报，2014（3）：71.

生态系统退化的表现是多方面的，特别是在幼林增加、成林缩减、天然林遭破坏、林业用地减少、林地生产力下降、森林结构劣化、生态功能削弱等方面更为突出。

进入新世纪，随着以生态建设为主的林业发展战略的实施，我国森林退化趋势得到了遏制。第六次全国森林资源清查（1999—2003 年）结果表明，我国森林退化趋势已得到一定程度的遏制，实现了森林面积和林分蓄积量的双增长。森林覆盖率得到一定程度的提高，森林覆盖率为 18.21%；森林面积迅速增加，部分疏林地转变为有林地。第七次全国森林资源清查（2004—2008 年）结果显示，全国森林面积为 19545.22 万公顷，森林覆盖率为 20.36%。活立木总蓄积 149.13 亿立方米，森林蓄积 137.21 亿立方米。从两次清查结果来看，首先，我国森林覆盖率明显提高，由 18.21% 提高到 20.36%，上升了 2.15 个百分点；活立木总蓄积净增 11.28 亿立方米，森林蓄积净增 11.23 亿立方米。其次，我国森林质量有所提高，森林生态功能不断增强。经评估，全国森林植被总碳储量达 78.11 亿吨。我国森林生态系统每年涵养水源量为 4947.66 亿立方米，年固土量 70.35 亿吨，年保肥量 3.64 亿吨，年吸收大气污染物量 0.32 亿吨，年滞尘量 50.01 亿吨。仅固碳释氧、涵养水源、保育土壤、净化大气环境、积累营养物质及生物多样性保护等 6 项生态服务功能年价值就达 10.01 万亿元。根据媒体报道，经过大力恢复，截至 2016 年，我国森林覆盖率达 21.93%。①

比较而言，森林生态问题仍然是制约我国经济社会可持续发展的重要问题。一是我国森林覆盖率世界排名第 139，只有全球平均水平的 2/3；人均森林面积不足世界人均占有量的 1/4，只有 0.145 公顷；人均森林蓄积 10.151 立方米，只有世界人均占有量的 1/7。二是生态脆弱状况没有得到根本扭转。全国乔木林生态功能指数为 0.54，生态功

---

① 第七次全国森林资源清查主要结果（2004—2008 年）［EB/OL］. 中国林业网，http：//www.forestry.gov.cn/.

能好的仅占 11. 31%。生态产品依然是当今社会最短缺的产品之一。

（2）草原生态修复任重道远

受自然条件和人为活动影响，草原生物资源、土地资源、水资源和生态环境不断劣化。草原退化活动主要包括：草原沙化、草原盐渍化以及草原污染等草场退化即草场植被衰退。草原退化的原因有自然因素和人为活动两种。中国的草原退化主要是过度放牧和滥垦、滥采等人为活动造成的。

草原退化是全球性的生态环境问题之一。在我国，自 20 世纪 60 年代以来，草原生态系统普遍出现了草原退化现象，约有 90%以上草原处于不同程度的退化之中。

1970 年代，我国草原退化率为 15%，1980 年代中期达到 30%以上。内蒙古草原退化沙化面积以每年 1000 多万亩的速度扩展，退化率由 1960 年代的 18%增加到 1980 年代的 39%。内蒙古草原现有退化面积 6. 42 亿亩，较 1980 年代的 3. 76 亿亩增加了 2. 66 亿亩，其中，轻度退化面积扩大了 0. 2 亿亩，中度退化面积扩大了 1. 04 亿亩，重度退化面积扩大了 1. 42 亿亩。由于开垦、沙漠化等原因，内蒙古的草原面积 1980 年代较 1960 年代减少了 10. 4%，约 1. 38 亿亩。①

改革开放以来，特别是党的十八大以来，我国加大了草原生态保护工作，取得了令人鼓舞的成绩。主要措施包括制定并实施了草原承包、草原生态保护补助奖励等政策，草原承包经营和有偿使用、基本草原保护、草原生态补偿、草原预警监测、草畜平衡和禁牧休牧轮牧等各项制度落实步伐明显加快，退牧还草工程、京津风沙源质量工程、农牧交错带已垦草原治理工程、草原自然保护区建设等工程取得良好效果。40 年前，全国 90%以上的草原出现不同程度的退化；40 年后的今天，全国草原生态总体得到改善。

正如我国草业科学的奠基人之一、现代草业科学的开拓者、中国工

---

① 王关区. 草原退化的主要原因分析 [J]. 经济研究参考，2007（44）.

程院院士任继周所说："历经 40 多年发展，我国草原工作成绩显著，但局部地区形势仍然严峻、草原生态系统依然脆弱、草原破碎化现象严重、生态补偿力度不够，在草原怎么建设、保护、利用方面还存在一些误区。"① 为了加快草原生态环境改善，推进草牧业发展，2017 年农业部制定下发了《全国草原保护建设利用"十三五"规划》。今后，我国将持续深化草原改革，完善相应的法规政策，持续推进草原生态修复，目标是到 2020 年，全国草原退化趋势得到有效遏制，草原生态明显改善，草原生产力稳步提升，确保实现草原综合植被覆盖度达到 56%，天然草原鲜草产量保持在 10 亿吨以上，重点天然草原牲畜超载率控制在 10% 以下，草原生态状况持续向好发展。

土地、森林、草原等自然资源是农民安身立命的根本，是农业发展的基础和前提，对农村经济社会的发展、国家粮食安全、国家生态安全和生态质量建设等都至关重要。

农村的环境污染和生态破坏，既威胁到农民的身体健康和舒适生活，也严重影响到农村的可持续发展、全面小康社会建设以及我国现代化建设目标的实现。因此，进行全面系统的农村生态治理成为当前的重要工作。

## 第二节　乡村生态环境问题原因探考

生态环境问题产生的原因可分为两大类：一类是火山活动、地震、风暴、海啸等自然因素，另一类是污染物超标排放、过度开发利用自然资源等人为因素。其中人为因素是引起现代生态环境问题的罪魁祸首，也是我们所要研究的。乡村的环境污染、生态破坏等问题，成因是多方面的，既可分为直接与间接原因，也可分政治、经济、文化等原因。本

---

① 中国草原：从全面退化到总体改善［EB/OL］. http://new.qq.com/omn/20181205/20181205B07KHP. html.

文从政治、经济、文化、社会、科技等五个方面，深入而全面地分析乡村生态问题产生的原因。

## 一、政治原因：发展战略和政府行为的非生态化

### 1. 生态化发展战略出台较晚

受经济发展压力的制约，尤其是 1978 年后，我国都将经济建设作为国家的主要任务，从国家的宏观政策、规划到中央以及地方政府的行为都表现出非生态化的特点，这给整个国家的生态尤其是农村的生态带来极大的破坏。直到进入 21 世纪，我国开始注重科学发展和生态文明建设，生态环境持续恶化的趋势才得到遏制。

中华人民共和国自成立以来，解决温饱问题、建设小康社会一直是我国面临的主要问题，因此，大力发展经济成为国家宏观政策的必然选择。改革开放后，"一个中心、两个基本点"成为国家发展的基本方针，由此我国迎来了经济高速发展期。所谓"一个中心"，就是以经济建设为中心。正是因为一切以经济建设为中心，在经济发展中无法做到尊重生态规律和保护环境，必然忽视发展经济所带来的负面影响——环境污染和生态破坏。所以，伴随中国经济高速发展而来的是严重的生态问题。随着国际环境治理行动的推进以及我国生态治理压力的剧增，20 世纪末，我国将可持续发展作为国家发展战略，开始重视政策的生态化。

进入 21 世纪，我国在国家发展战略层面，又先后提出了科学发展观、生态文明等发展理念和发展战略，并将其贯彻到国家宏观政策和发展规划中。尤其是十八大以后，我国相继出台了一系列生态化的发展政策和规划。

1994 年 3 月我国发布了《中国 21 世纪议程——中国 21 世纪人口、环境与发展白皮书》，确立了我国 21 世纪可持续发展的总体战略框架和各个领域的主要目标。

1996 年我国将可持续发展上升为国家战略并全面推进实施。当年 3

月经全国人大批准的《国民经济和社会发展"九五"计划和 2010 年远景目标纲要》，把可持续发展作为一条重要的指导方针和战略目标，明确了中国实施可持续发展战略的重大决策。中国"十五"计划还具体提出了可持续发展各领域的主要目标，并专门编制和组织实施了生态建设和环境保护重点专项规划，将可持续发展战略的要求全面地体现在社会和经济的其他领域中。①

进入 21 世纪，中国进一步深化对可持续发展内涵的认识，于 2003 年提出了以人为本、全面协调可持续的科学发展观，将其作为我国经济社会发展的指导思想。此后，"又先后提出了资源节约型和环境友好型社会、创新型国家、生态文明、绿色发展等先进理念，并不断加以实践"。②

2007 年，党的十七大将生态文明建设作为国家发展的战略目标，提出了"建设生态文明，基本形成节约能源资源和保护生态环境的产业结构、增长方式、消费模式……生态文明观念在全社会牢固树立"③的历史任务。生态文明是对工业文明的超越，代表了一种更为高级的新型人类文明形态。2012 年 11 月，党的十八大作出"大力推进生态文明建设"的战略决策，从 10 个方面描绘出生态文明建设的宏伟蓝图。2015 年 5 月 5 日，《中共中央 国务院关于加快推进生态文明建设的意见》发布。2015 年 9 月 11 日，经中央政治局会议审议通过发布的《生态文明体制改革总体方案》，从推进生态文明体制改革要树立和落实的正确理念到要坚持的"六个方面"，全面部署生态文明体制改革工作，细化搭建制度框架的顶层设计，进一步明确了改革的任务书、路线图，

---

① 中华人民共和国可持续发展国家报告 ［EB/OL］. （2012-06-04）. http：//www. gov. cn/gzdt/2012-06/04/content_2152296. htm.

② 中华人民共和国可持续发展国家报告 ［EB/OL］. （2012-06-04）. http：//www. gov. cn/gzdt/2012-06/04/content_2152296. htm.

③ 胡锦涛在中国共产党第十七次全国代表大会上的报告（全文）［EB/OL］.（2007-10-24）. http：//news. sina. com. cn/c/2007-10-24/205814157282. shtml.

为加快推进生态文明体制改革提供了重要遵循和行动指南。2015 年 10 月，加强生态文明建设首次被写入国家五年规划。2017 年，习近平在党的十九大报告中强调指出，生态文明建设功在当代、利在千秋。我们要牢固树立社会主义生态文明观，推动形成人与自然和谐发展的现代化建设新格局，为保护生态环境作出我们这代人的努力。

由于以经济建设为中心的政策导向，各级政府在制定社会发展规划和决策中，在具体的建设工程、开发项目立项建设中，都有意或无意地忽视了环境保护。地方政府行为的非生态化，为农村生态问题埋下了隐患，幸好我国政府之后认清了形势，对生态治理有了清醒的认识，加大了生态环境的保护力度。

## 2. 法律法规供给不足

有法可依是农村环境保护和生态治理的必要前提。我国直到 1989 年才颁布了《中华人民共和国环境保护法》，为农村生态保护和环境治理提供了法律依据。其后相继出台了《中华人民共和国水土保持法》（1991 年）、《中华人民共和国农业法》（1993 年）、《中华人民共和国固体废物污染环境防治法》（1995 年）、《中华人民共和国乡镇企业法》（1996 年）、《中华人民共和国农药管理条例》（1997 年）等法律法规，其中都有关于农村环境问题的规定。这些法律法规的出台，为农村环境保护提供了一定的依据，但是其在针对性和可操作性方面，有很大的不足。

2000—2012 年，在建设社会主义新农村背景下，我国开始了完善农村环境保护的法律法规工作，修订了《中华人民共和国农业法》《中华人民共和国水污染防治法》《中华人民共和国固体废物污染环境防治法》《中华人民共和国水土保持法》；新制定了《中华人民共和国水土保持法实施细则》（2011 年）；还制定了专门针对农村生态问题的法律法规。2013—2018 年，我国涉及农村生态方面法律的修订也都体现了生态文明建设的要求。

目前，我国专门针对农村环境保护的法律法规主要有：《秸秆禁烧和综合利用管理办法》（2003 年）、《农药管理条例》（2017 年修订）、《畜禽规模养殖污染防治条例》（2013 年）、《土壤污染防治行动计划》（2016 年）、《农用地土壤环境管理办法》（试行）（2017 年）等规范性文件和行政规章，着力于解决农药及家禽养殖污染和污染土壤修复问题，为解决农村土壤污染提供了制度保障。

通过对法律制度的修改和补充，我国农村环境保护制度日益完善。但是，从这些法律的实际效果来看，可以发现我国农村环境保护法律制度存在着有效性不足、效率性匮乏、操作性不强，清晰度不够等问题。这反映出法律法规不能有效满足农村生态环境保护的需要，需要与时俱进地制定、修改和完善法律。

### 3. 政府和企业对农村生态环境保护的投资不足

各级政府环境保护的资金投入与生态保护与治理需求之间的差距较大，这一点在农村表现得更为明显。由于我国以城市为中心、以大企业为中心的发展战略，导致广大农村在政治、经济、社会以及生态保护等各个方面都弱于城市，国家对农村的资金投入不足，对农村环境保护的投资支持力度更是严重不足。数据显示，"九五"期间，我国治理生态环境污染的投资占 GDP 的比例不足 1%，即使在加大生态治理投资力度的"十五"期间，比例也仅为 1.2% 左右，并且投资主要是针对城市的环保投入，对农村的投入很少甚至是根本没有。"十二五"期间，政府加大了环保投入，政府环保投资共 8390 亿元左右，年均增长 14.5%。中央各项环保资金累计支出近 1800 亿元，比"十一五"期间约增长 140%。据环保部门提供的资料，"十三五"以来，在大气污染防治方面，中央财政累计安排专项资金 272 亿元，为改善重点区域环境空气质量发挥了重要作用；在水污染防治方面，累计安排专项资金 216 亿元，支持重点流域水污染防治等；在土壤污染防治方面，安排的专项资金为

150 亿元，主要用于 31 个省（区、市）含重金属土壤等的污染防治。①
近年来，各个地方也加大了对农村生态治理与保护的力度，增加了资金
的投入，并设置专项资金进行农村人居环境的整治。

尽管如此，由于我国环保历史欠账较多，政府投入规模和现实需求
之间存在较大差距。2016 年，我国环保投资占 GDP 比重约 1.3%，从
国际经验看还是较低的。由于种种原因，农村地区的企业环保资金明显
不足，甚至有些企业根本没有该项资金预算。

4. 农村环境保护机构和设施不足

与城市完善的环境保护机构相比，我国农村环保机构相对缺乏。当
前，我国环境保护主管机构设在县级以上，在乡镇没有专门设置。在各
个县域，由于辖区范围大，基层环保力量不足导致执法监管力不从心，
以至于基层环境监管长期存在"小马拉大车"问题。这不仅使得政府
部门对农村的环境问题缺乏有效的监督和管制，也使得农村环境纠纷得
不到及时有效的解决，易于激化矛盾。建议积极探索新形式下农村环境
保护机构建设的新思路，建立农村乡镇环保机构，使环境保护工作重心
下移，环境监管和治理向农村延伸。建议在乡镇企业比较多的地方，设
置环境保护管理机构，有条件的地方，还要在农村一级成立环保办，配
备 2~3 名环保员，将环保知识送到田间地头，把环境管理工作延伸到
村头巷尾。据报道，从 2013 年起，锦州市正式启动了乡镇环保机构建
设工作并实现了规范化运行。锦州市在全市 4 县设立了 20 个环保派出
机构，配备正式编制工作人员 88 名，管辖 110 个乡镇（街道）1318 个
村（社区）的环保工作。② 此外，在农村环保创新和人居环境改善方
面，浙江、江苏等东部地区走在了前列。江苏省率先出台的《农村河

① 环保部：十二五环保投资 4.17 万亿 投入和需求差距仍大［EB/OL］.
http://www.ocn.com.cn/shujuzhongxin/201711/uqrcr24152108.shtml.
② 锦州农村有了环保轻骑兵［EB/OL］.（2014-07-04）. http://finance.
chinanews.com/ny/2014/07-04/6352288.shtml.

道管护办法》明确了农村河道，全面落实河长制，在县、乡镇设立农村河道总河长，并在农村河道分级分段设立河长，并明确各部门分工，由县财政、生态环境、自然资源、交通运输、农林等共同完成河道管护相关工作。

由于乡村环境保护长期受到忽视，我国农村的环保基础设施很差。目前，很多经济发展相对落后地区的农村环保基础设施基本是空白。这些村庄没有像城市一样的污水处理系统，导致农村水污染得不到有效治理。没有固体废物的集中处置设施，导致生活垃圾到处堆放。很多地方出现农村公共环境无人管、管不了的现象。建设部 2005 年 10 月编印的《村庄人居环境现状与问题》显示，对我国具有代表性的 9 省 43 县 74 个村庄的入村入户调查结果为：96% 的村庄没有排水渠道和污水处理系统，生产生活污水随意排放，80% 的村庄将垃圾堆放在路边甚至水源地、泄洪道以及水塘边，严重影响环境和危害居民身心健康。近年来，由于经济的发展和环保投入的加大，我国东部发达地区农村的环保设施有了很大的改善，如乡镇及人口集中居住的村庄开始有了污水处理设施，也设立了垃圾集中收集和处理装置，但是在中西部的不发达地区，环保基础设施仍然缺失严重。前瞻产业研究院发布的《中国农村污水处理行业发展前景预测与投资战略规划分析报告》显示：我国城市污水排放量为 1.1 亿吨/日，县城为 2336 万吨/日，而建制镇为 2677 万吨/日，村庄为 3220 吨/日。但是城市、县城、建制镇、村庄的污水处理率分别为 87%、75%、28%、8%，污水处理率差异巨大。在农村，只有 8% 的污水得到无害化处理，这一事实令人不得不对农村的生态感到忧虑，这些数据的对比也反映了我国广大农村地区环保设施的严重不足。①

---

①　农村水污染问题日益凸显 须加快推进污水治理 [EB/OL]. (2016-10-08). http：//www.jdzj.com/diangong/article/2016-10-8/78713-1.html.

### 5. 地方政府落实环境保护相关规定不到位与监督不到位

生态文明战略以及环境保护的法律法规，都需要在实践中落实；作为落实相关政策与制度的重要主体的各级地方政府，从本地区经济发展等方面考虑，往往会在落实相关政策和规定时打折扣，使得一些规章制度流于形式。笔者根据对湖北房县的走访调查，发现存在以下问题：一是地方政府在制定县域农村经济发展规划时没有将生态环境建设纳入综合考虑范畴，或者是尽管有相应的规划，但是在具体项目决策时又放松了环境保护的要求而对高污染企业开绿灯。二是地方政府对农村环保投入力度明显不够，地方政府大部分财政投入集中在经济、政治、文化建设上，而且集中在城市与镇上，基本很难"下乡"，因此地方政府对农村生态环境保护的投入相当有限，导致农村生态问题因为资金缺乏而无法进行有效的治理。三是地方环境主管部门受到地方政府的干预过多，其在政策执行和执法过程中受到很大的阻力。

地方政府及环保主管部门的监督不到位现象的大量存在，是农村生态问题产生的重要原因。《中华人民共和国环境保护法》不仅在总则中强调了地方各级人民政府应当对本行政区域的环境质量负责，而且在法律责任中进一步明确了上级人民政府及其环境保护主管部门应当加强对下级人民政府及其有关部门环境保护工作的监督，并细化了违法违纪行为的责任追究规定。其他环境保护的法律法规中也有相应的规定。但在农村实际生活中，因为种种原因，监督无法到位。尽管有关环境法律法规中规定了地方各级人民政府的主体责任，也规定了环境主管部门的职责，但是实际的乡村生态治理工作中仍然存在一些问题：有些地方政府以经济建设为中心而忽视生态保护与发展，有些地方的政府官员绩效考核中没有关于生态环境的要求，有些地方的政府层级之间责任划分不清出现"踢皮球"的现象，此外环境保护主管部门对企业、公民等监督不到位的现象普遍存在。例如根据对湖北省房县的调查，我们发现该地在垃圾处理、废水处理以及养殖业污染等方面都存在问题，这也从侧面反映出环保部门监督的不到位。

6．"唯 GDP"政绩观的影响

GDP 是衡量一个国家或一个地区的经济表现和财富状况的重要标志。长期以来，我国一直把地区生产总值及增长率作为政绩评价的主要指标，这种以"GDP"为核心的政绩观很容易导致"重经济、轻环境"的错误思想与行为，以牺牲环境为代价来发展经济。片面追求 GDP 增长让中国付出了巨大的环境代价。例如自 20 世纪 90 年代以来，我国在治理污染上投入很多，但是我国的排污总量持续上升。对此，中国工程院院士郝吉明分析认为这主要是由于钢铁、水泥等重化工业的增长速度过快，排放量过大，抵消乃至超过了治理污染所作的努力。

针对唯 GDP 政绩观问题，我国学术界提出了以"绿色 GDP"① 取代"GDP"的口号，中组部在 2013 年 12 月 6 日发布了《关于改进地方党政领导班子和领导干部政绩考核工作的通知》，提出在干部政绩考核评价指标中要重视对生态效益、资源消耗、环境保护等生态指标的考核。尽管国家在官员政绩考核中提出了新的标准和要求，一些地方也开始告别"唯 GDP"的单一官员考核模式，但是因为"唯 GDP 政绩观"生存的现实土壤仍存在以及制度的历史惯性，官员考核并未真正走出"唯 GDP 政绩观"的阴影。有媒体分析，受任期和异地为官的影响，地方政府主要官员对履职之地很难产生真正的感情，很多官员将"先污染后治理"理解为"污染出政绩，治理也出政绩"。受"唯 GDP 政绩观"的影响，农村生态环境往往在经济发展面前被地方政府牺牲掉，农村的生态一再被破坏。

---

① 绿色 GDP，是指从现行统计的 GDP 中，扣除由于环境污染、自然资源退化、教育低下、人口数量失控、管理不善等因素引起的经济损失成本，从而得出真实的国民财富总量。

## 二、经济原因：非生态化的经济发展模式

非生态化的经济发展模式是乡村生态问题产生的直接原因。新中国成立以来，由于我国生产力发展水平较低，农村经济发展缓慢，农民收入和生活水平很低，因此，解决温饱问题成为当务之急。政府鼓励和组织开荒造田，1953—1957年政府通过大办国营农场、移民开荒等形式大规模开荒造田，将荒草地、山坡、低洼沼泽地都变成了农田。这导致了水土流失和生态系统功能的破坏，过度放牧和森林砍伐也导致草原和森林的退化。

改革开放以来，我国经济迎来高速发展期，随之而来的是生态破坏的加速以及环境污染的急剧发展。随着商品经济的发展，农民为了通过商品交易获得更多的经济利益，大量砍伐林木和在草场过度放牧成为必然的选择，加上当时政府对这类资源利用行为所导致的生态问题认识不够，对这种现象没有进行有效的限制和引导，导致我国生态退化严重。此外，我国粗放式的工业发展，对自然资源的消耗过大。工业发展中产生的水、大气、土壤污染等问题，没有得到足够的重视。同时，外地工业污染正在源源不断地向农村转移，许多在城市不允许生产的重污染企业，试图避开城市的防污染管制，开始纷纷向农村转移，给农村带来更多的环境污染隐患。因为贫困的生活状况，农民面临着巨大的生存压力，为了提高经济收入，改变生活状况，农民不断采用新的生产技术和使用新的生产物资，在农村大量使用的化肥、农药以及地膜污染环境的危害日益增加。化肥的大量使用和流失加剧了湖泊和海洋等水体的富营养化，造成地下水和蔬菜中硝态氮含量超标，影响土壤自净能力。农膜残片和农民丢弃的塑料袋难以自然降解，影响土壤的渗透性，造成粮食减产。农药的污染破坏生态平衡，威胁生物多样性。规模化畜禽养殖场绝大多数没有相应的配套耕地消纳其产生的畜禽粪便，形成了比较严重的农业与养殖业的脱节。可以说，传统农业的物质循环、能量流动已被高投入、高污染所替代，现在使用的许多能源、肥源变成了污染源，新

的生产方式对环境造成了新的污染。

### 三、文化原因：农民受教育程度较低和环保意识不够

调查显示，人们的环境认知和环保理念与受教育程度正相关。改革开放以来，我国农民的受教育程度有了显著提高，但是从总体上看，农民的受教育程度还有待提高。2015 年 12 月 24 日发布的《社会蓝皮书：2016 年中国社会形势分析与预测》显示，我国 18 岁至 69 岁年龄段的农业人口中，高达 82.9%的比例是初中以下文化程度的，其中未上过学的比例为 15.7%；高中和职高职校毕业者比例为 9.5%，中专学历者比例为 2.4%；专科以上学历者占比超过 5.2%，包括大专 3.1%、本科 2%以及研究生 0.1%。在未上过学的人群中，年龄段越高则未上学比例越大，其中，1960 年代及以前人群中未上过学的占到 1/4，1990 年代人群中这一比例降为 3.5%。另外，调查数据还显示，未上过学的农民主要是中老年。基础教育阶段进行系统的生态知识学习是提高生态认知的重要途径，而初中以下文化程度比例高达 80%以上的事实，提醒我们提高农民受教育程度的必要性。①

农民在生态知识的获得和接受、环保意识的确立等方面，都与农村环境保护的需要之间有很大的差距。很多农民生态环境保护意识淡薄，如某些农民对生态环境的重要性认识不足，不能深刻理解生态的保护和发展关乎他们自身的利益；或者是缺乏生态环境保护相关知识，从而给农村生态环境保护带来很大的负面影响。如，当地农民在农业生产和农业发展上，片面追求农业经济的短期利益，采取传统的不符合现代农业发展的粗放型的生产方式，单纯追求农作物产量的增加和农业经济效益的提高，过分依赖农药、化肥、农膜等农用化学品，结果造成土壤板结和土地富营养化，甚至带来食品安全隐患。

---

①　中国社会科学院.社会蓝皮书：2016 年中国社会形势分析与预测 [M].北京：社会科学文献出版社，2015：25.

### 四、社会原因：城乡二元社会结构

在我国，由于长期存在的发展政策及其历史惯性，使得城乡在社会、经济、文化等各方面发展极不平衡，城乡状态表现为结构性断裂，形成二元的社会结构模式和巨大的城乡差别，造成城乡的不平等和不公正。我国特定的城乡二元结构的存在，是造成农村污染问题日益严重的重要原因。

城乡二元结构的生成和固化都与政治密切相关。如学者林毅夫认为，我国城乡二元结构的生成与国家的"重工业优先发展战略"政策有重大关联。① 学者乔耀章认为，我国城乡二元结构对立的态势是在中华人民共和国成立初期（1949—1956 年）我国特殊国内外社会环境中形成的，实施优先发展重工业战略的结果所致，影响城乡二元关系形成的主要因素是计划经济条件下的政府行为。② 中华人民共和国成立初期，基于特殊的国内外环境，我国通过贯彻过渡时期总路线，经过生产资料的社会主义改造，形成了特有的中国式的城乡二元结构：在工农业关系上工业发展优先于农业；在城乡关系上城市发展优先于农村；在市场关系上城市市场优先于农村市场；在工农业产品价格关系方面存在工业产品高于农业产品的"剪刀差"，形成了所谓"把农民挖得很苦"的局面。这种城乡二元结构，是为计划经济服务的，它限制了农业、广大农村和农民的发展。1957—1978 年，我国的城乡二元结构固化，主要是受单一所有制结构与计划经济体制的影响。随着改革开放以后社会主义市场经济体制在我国的建立，城乡二元结构逐步得到缓解。但因为各种原因，城乡分治的户籍制度和集体所有的土地制度等重要体制还没有改革，因此城乡二元结构的体制还在继续。可见，国家的政策、体制等

① 林毅夫. 中国的城市发展与农村现代化 [J]. 北京大学学报（哲学社会科学版），2002（4）：12-15.

② 乔耀章，巩建青. 我国城乡二元结构的生成、固化与缓解——以城市、乡村、市场与政府互动为视角 [J]. 上海行政学院学报，2014（4）：84-93.

政治因素是城乡二元结构形成的重要因素。

在城乡二元结构下，农民面临着巨大的生存压力和改善生活的动力，从而选择不可持续的发展之路。农民关注自身的生存和经济发展问题，无力顾及生态环境保护和污染控制。城乡之间存在着巨大的差别，而收入水平和生活水平相差越突出，农民改变自己地位的动力就越强，解决温饱、改变贫困的愿望成为农民谋求发展的最直接动力。由于受技术、资本以及发展方式少等方面的制约，农民不得不走资源消耗型发展之路，消耗大量的自然资源，却取得较少的产出。大量使用化肥、农药等农用物资，希望以高投入获得更大的产出，这种发展实际上是掠夺式发展，以非持续的方式从环境中索取，从而直接造成土地退化、野生动植物资源减少、森林破坏、水环境污染、河流湖泊水库富营养化等一系列破坏生态环境的问题。为了生存而利用自然资源是农民基本的环境权利，而掠夺式的发展成为农村生态环境破坏的重要根源。

与此同时，农民的生态保护动机却不足，对由环境引起的健康损失及清洁空气等缺乏足够的关注。作为受害者，他们最关注的是收入是否提高和物质生活是否得到改善，不可能去关注环境问题。发展经济的强大动力和环保动力的不足，加剧了生态的恶化。

城乡二元结构也使得那些较为先进的企业很难在农村建立起来，本土成长起来的乡镇工业也无法克服自己的先天缺陷，在资金、技术和环保设施等方面存在着明显的不足，从而在发展地方经济的同时成为很大的污染源。许多地方为发展经济，对重污染企业向农村转移开绿灯，而且不严格执行有关的污染防治制度。

城乡社会的二元结构和巨大差别也使农村中有知识的劳动力流向城市，从而导致农村剩余农民的素质较低，生态环境保护意识较差，他们的生产和生活方式都对环境产生不良的影响。

国家政策、发展战略以及政府行为选择都是乡村生态问题产生的重要原因。所以说，生态问题不仅仅是经济问题和社会问题，也是政治问题。习近平同志曾强调："我们不能把加强生态文明建设、加强生态环境保护、提倡绿色低碳生活方式等仅仅作为经济问题。这里面有很大的政治。"①　正是认识到城乡二元结构所导致的严重问题，我国才首先从政策上引导城乡一体化统筹发展。如十八届三中全会认为："城乡二元结构是制约城乡发展一体化的主要障碍。必须健全体制机制，形成以工促农、以城带乡、工农互惠、城乡一体的新型工农城乡关系，让广大农民平等参与现代化进程、共同分享现代化成果。"

### 五、科技原因：科技供给不足

农业农村科技供给与现代农业农村发展、农村生态环境保护的需求间存在较大的差距，是我国农村生态环境问题产生的另一个原因，主要表现为：缺乏在农业生物资源、水土质量以及陆地生态功能等方面的长期的系统的观测与监测，重要资源底数不清，导致基础性科技工作积累不足；缺乏质量安全、绿色环保等方面的新技术储备，生态保护关键技术难以支撑重大生态工程建设，导致核心关键技术供给不足；缺乏一些重大问题的有效技术方案，如东北黑土地保护、南方耕地重金属污染治理、京津冀地下水超采"漏斗区"治理、区域性农业面源污染防治等问题；前沿和突破性技术原创不足，在农业生物技术、工程技术、信息技术等领域，与发达国家还有一定差距，"领跑"技术还不多。

此外，农业农村科技人才队伍建设尚需加强。农业农村部副部长张桃林 2018 年在中国农业农村科技高峰论坛上指出，我国农村科技人才队伍建设的不足主要表现为三个方面，一是科技创新人才队伍建设滞后，主要是新兴学科人才少，而且在前沿学科和基础领域较少有具有国际影响力的领军人才。二是农业技术推广人才队伍建设滞后。据介绍，我国基层农业技术推广人员中，1/4 的人没有技术职称，35 岁以下的人员只占 20%，这种老龄化、低职称的人员现状与信息化、规模化、市

---

① 习近平谈生态文明 10 大金句［EB/OL］.（2018-05-25）. http：//news. cctv. com/2018/05/25/ARTIYzWX1hnIiSkgKhnpEZyS180525. html.

场化的农技推广服务工作要求不相适应。三是农业实用人才队伍建设滞后，主要表现为农村劳动力素质结构性下降以及老龄化加快，扎根基层的乡土专家、致富能手缺乏。①

# 本 章 小 结

由于政治、经济、文化、社会、科技等各个方面因素的综合影响，我国广大乡村地区存在着严重的生态环境问题。这些问题可以归纳为两大类，一是环境污染，如水污染、土壤污染、空气污染和垃圾污染等，二是生态破坏，如森林面积减少、草原资源退化、耕地面积减少、土壤质量下降、水土流失严重、土地荒漠化加剧、动植物种群减少等。

进入 21 世纪，尤其是党的十八大以来，面对严重的乡村生态问题，我国加大了对乡村生态治理的力度，集中整治乡村人居环境，并将乡村水污染治理、土壤污染治理等列为环境保护工作的重点。这使得我国乡村人居环境得到明显的改善，尤其是经济比较发达的东部等地的乡村。但是，要想从根本上治理好乡村的环境污染和改善乡村的生态，那将是一个长期的、系统的、艰难的过程。

---

① 农业农村科技创新需破三大难题［EB/OL］. http：//www. agronet. com. cn/News/1248632. html.

# 第三章　伦理视野：与生态文明
## 相适应的生态伦理缺失

　　国家环保部《2012 年中国环境状况公报》指出："随着工业化、城镇化和农业现代化不断推进，农村环境形势依然严峻。突出表现为工矿污染压力加大，生活污染局部加剧，畜禽养殖污染严重。2012 年，全国 798 个村庄的农村环境质量试点监测结果表明，试点村庄空气质量总体较好，农村饮用水源和地表水受到不同程度污染，农村环境保护形势依然严峻。"① 这些问题不仅严重影响环境的质量和广大农民群众的身体健康，也严重阻碍着中国社会的可持续发展与生态文明社会的建设。随着中国现代化进程的快速推进，农村生态环境恶化成为一个摆在人们面前的严峻事实。如何解决农村生态环境严重恶化问题成为人们关注的一个重点，本章试图从伦理学角度解读这一问题。

　　农村生态是个综合系统，其生态环境问题的成因复杂，包括政治、经济、文化、技术等各方面的因素。综观各方面的原因，我们可以看到环境伦理思想无处不在的深层影响。从伦理角度分析，人类中心主义的生产、生活方式以及与工业文明相适应的新的环境观的缺乏是产生农村生态问题的重要原因。以生态文明为基础，借鉴西方新的环境伦理观，发掘传统环境伦理思想，构建适合生态文明要求的新的农村环境伦理观

---

　　① 《2012 年中国环境状况公报》 [EB/OL].人民网，http：//env. people. com. cn/n/2013/0604/c1010-21729279. html.

迫在眉睫。

# 第一节　人类中心主义对农村生态环境问题的影响

生态伦理包括伦理立场和伦理规范两个方面的问题。伦理立场关涉人类对待自然环境的一整套思维模式、思想方法和思想观念；伦理规范则是人们在与自然交往中必须遵从和奉行的行为准则。

现代社会的生态问题及生态危机，是人与自然之间关系失衡的体现。那么，人与自然以及自然物之间的关系如何？对这一问题的回答，存在两种对立的观点，那就是人类中心主义和非人类中心主义。西方哲学界认为全球性的生态危机产生的根源就是人类中心主义，因为人类中心主义支配了工业文明时代人们的生产方式和生活方式，进而导致生态危机的出现。以人类为中心的文化价值观的影响无所不在，因此，要想解决生态危机，必须实现价值观的变革，各种非人类中心主义主张因此产生。

## 一、人类中心主义

"人类中心主义"在西方哲学界被普遍认为是产生环境问题的罪魁祸首，对它的批判声不绝于耳，环境伦理学界更是提出各种可以归为"非人类中心主义"的理论和主张，目的是取而代之。中国哲学界在20世纪90年代也曾经热烈探讨人类中心主义及其对生态所带来的影响，并形成了走入人类中心主义、走出人类中心主义和超越生态人类中心主义三种主张。非人类中心主义者（包括动物解放论/权力论、生态/生物中心论、深层生态学等）和走出人类中心主义者认为，人类中心主义支持了工业文明的生产和生活方式，恰恰是工业文明导致了生态危机，因此，人类中心主义是生态危机产生的罪魁祸首。

作为一个概念的"人类中心主义"，诞生于20世纪的西方学界。从词源学与语义学的视角来看，西方的"人类中心主义"实质上是从人与自然关系维度来说的，认为人是区别于其他生物的单独的"类"，只有属于人的"类"才是自然界的目的和中心。这一概念自传入我国后，理论界对它的涵义众说纷纭。对它的界定不同也导致出现人类中心主义"走入论"与"走出论"的巨大差异。梳理文献可以发现，刘湘溶先生比较早地对这一概念进行了界定，在《生态伦理学》① 一书中他明确指出："人类中心主义"是一种具有特定含义的文化观念。首先，这种文化观念把人看成自然界进化的目的，看成自然界中最高贵的东西；其次，这种文化观念把自然界中的一切看成为人而存在，供人随意驱使和利用；最后，这种文化观念力图按照人的主观需要来安排宇宙。三者中的第一点是人类中心主义的灵魂，是传统文化价值观的核心。这是从文化角度的界定。余谋昌将人类中心主义总结为"人类中心主义，或人类中心论，是一种以人为宇宙中心的观点。它的实质是：一切以人为中心，或一切以人为尺度，为人的利益服务，一切从人的利益出发"。② 杨通进在《超越人类中心论：走向一种开放的环境伦理学》一文中，从价值论的维度界定了人类中心主义。目前，学界主要是从价值论的角度来使用这一概念，即认为人是宇宙中最高存在者；唯有人才是主体，才有内在价值；人是万物的尺度，非人类存在物都是服务于人类的。

　　人类中心主义的信念在初民和古代人那里是没有的，天地浑然一体和敬畏自然是他们的基本认识，如古希腊人认为万物有灵，古代中国人的"天人合一"观念，印第安人认为自然物无异于他们自身，因此，他们的头脑中根本没有现代人的征服自然、驾驭自然的念头。即使是到了西方中世纪，人类中心主义观念仍然没有形成。这一时期，人们把自然界的万事万物看成上帝的创造物，人虽然是万物的掌管者，但人与自然同是上帝的创造物，是为上帝服务的。所以，在人与自然关系的认识

---

① 刘湘溶. 生态伦理学 [M]. 长沙：湖南师范大学出版社，1992：21.
② 余谋昌. 走出人类中心主义 [J]. 自然辩证法研究，1994（10）：8.

上，他们与现代人的主客体关系认识完全不同。

自笛卡儿开始，西方思想中开始有了对西方人思维影响深远的精神与物质、主体与客体的二元分立与对立。这种主客二分为人类以征服者的姿态对待自然准备了必要条件。对自然采取征服者的态度还与文艺复兴后人道主义的扩张有关。人类中心主义是由人道主义发展演变而来的，它包含两个信念："其一是认识论方面的信念，认为人类在征服自然方面原则上不存在解决不了的问题，历史地看，人类认识和凭借科学认识而形成的科技力量是无往而不胜的，这便是人类理性至上论或自然科学万能论；其二是实践方面的信念……物质生活富足和感官愉悦乃是人生的最高目的，这便是庸俗享乐主义的信念。"① 正是在这种信念的支配下，人类肆意地对自然进行盘剥和破坏，从而导致了生态失衡和生态危机。如今，人们普遍相信古希腊哲学家普罗泰格拉所说的"人是万物的尺度"，在人与自然界之间的关系中，人始终是自然界的主宰者，以自己为中心、为目的，将自然界作为工具和手段。

正是由于对人类中心主义的深刻认识，对它的批判也不绝于耳，还有各种非人类中心主义主张出现。美国植物学家默迪提出了"现代人类中心主义"，美国学者诺顿提出了"弱人类中心主义"，他们站在现实主义的立场，试图超越人类中心主义与非人类中心主义的争论，认为在承认人的利益的同时，应该肯定自然存在物的内在价值。正如默迪在《一种现代的人类中心主义》一文中所说的："生、死和繁衍对于所有的生命是同样的，但是由于人能对其行为进行反思和计划，所以他的行为就不同于其他有机体那样，仅仅是对自然的盲目的反应：他同化和转化自然，并在其中投入一种意义和可理解的道德价值。"② 他认为应该对人的需要作某些限制，在对近代人类中心主义和生态中心主义扬弃基础上产生的"生态人类中心主义"具有积极意义。我国学者肖显静认

---

① 卢风. 从现代文明到生态文明 [M]. 北京：中央编译出版社，2009：47.
② W. H. 默迪. 一种现代的人类中心主义 [J]. 哲学译丛，1999（2）：18.

为"生态人类中心主义适应时代的要求，重新审视人与自然的关系，主动放弃征服自然、主宰自然的态度，以建立人与自然的和谐关系，这是一个较大的历史进步。它有利于人类在利用自然过程中注意保护自然，减轻对自然环境的破坏"。① 但是在他看来生态人类中心主义不过是近代人类中心主义的弱化，它的缺陷是很明显的。所以，未来需要的是对一切形式的人类中心主义的超越，生态中心主义势在必行。

### 二、人类中心主义对农村生态的影响

自然环境是人类生存的物质基础，人类生存必须要与自然进行物质和能量的交换。人类在不断发展和与自然互动的进程中，逐渐由被动转向主动。随着人类认识自然、改造自然能力的增强，尤其是近代科技的发展和人类主体精神的高扬，最终形成了人类中心的自然观，形成了以主客二分和对象性思维为特征的思维方式。康德说："在目的的秩序里，人（以及每一个理性存在者）就是目的本身，亦即他决不能为任何人（甚至上帝）单单用作手段，若非在这种情形下他自身同时就是目的。"② 这样，人不仅成为认识的主体，而且成为实践和道德领域的主体。人是目的，世界只是人实现自身目的的手段。

于是，以主客二分的主体性哲学思考人与自然的关系时，理性就成为决定人的一切的本质，而自然成为人的客体和对象物。同时人也成为实践认识中的绝对主体，成为宇宙中的最高存在。如果用这种价值尺度去评价人，其伦理行为就必然是"应当的"、"合理的"，外部世界对人就失去了必要的伦理约束。更为重要和深层的问题是，在人与自然对峙的关系中，人类的主体性内在地具有发生某种偏执的可能性：当人类在生存活动中把其他物当做对象看待时，"人类"与"其他物"就天然地

---

① 肖显静. 环境伦理学：走进还是走出"人类中心主义"［J］. 山西大学学报（哲学社会科学版），1998（2）：17.

② ［德］康德. 实践理性批判［M］. 韩水法，译. 北京：商务印书馆，1999：144.

形成一种"中心"与"非中心"的关系。人类在将自然变成僵死、被动和空洞的实在的同时，实际上是人类强行以人性取代物性，并使作为存在者的物已经失去了存在论的基础。物也不再是具有存在论根基的自在之物，自然也不再是具有自在的存在论本性的自在自然，而是成为主体所把握的人化自然。人并没有按照物性对待物，而是企图按照人性对待物。这就是海德格尔所说的人道主义"对物的遗忘"。

　　人类中心主义作为一种文化观念，它的影响是无处不在的。现代农村的生态环境问题的深层次原因正是这种人类中心主义无所不在的影响造成的。农村内部自身的生产、生活活动所造成的污染是农村生态环境问题的主要原因之一，并且在乡镇企业不发达地区几乎是唯一的污染来源。这些环境污染和生态破坏主要是由不当的生产、生活活动引起的，而人是观念的动物，人的行为是观念支配的。农业生产中，农民为了自己的利益，肆意地攫取自然资源，毁坏林木、过度养殖和放牧等，自然成为绝对的被利用的客体，而过度利用导致生态的破坏；农药、化肥、农膜的过量使用，引起土壤的污染、板结和土壤再生能力的下降，这也是农民经济利益最大化后所引起的恶果；之后进入农村地区的乡镇企业，以经济利益为核心，忽视生态环境的保护，往往成为污染源，农村生活中开始出现对能源资源的过度使用和消费问题。可以看出，社会转型期农业现代化的进程中，已经掌握某些现代技术和物质手段的农民作为主要的生产主体，控制和利用自然资源的能力得到加强，为了经济利益的最大化，把自然当做完全的客体，肆意地掠夺和利用而忽视了自然的内在规律和价值，从而导致农村各种生态问题的出现。

## 第二节　与生态文明相适应的生态伦理的缺失

　　我国社会正处于现代化的巨变中，这种转变既包括从传统社会向现代社会的转变，也包括现代社会向后现代社会的转变。在这种转变中，伦理的转变显得极为重要。在传统农业社会向工业社会转型的急剧变革中，农业生产、农村生活方式发生了很大的转变，而与之相适应的生态意识与环保意识尚未建立起来，这也成为产生农村生态环境问题的重要根源。随着现代社会向后现代社会的转型，与之相适应的新的生态伦理也亟须建立。

## 一、从生态伦理角度对农村生态问题的审视

### 1. 生态伦理及其基本原则

人类应该如何处理人与自然以及自然物之间的关系？生态伦理就是指导人类处理自身与自然环境之间关系的一系列道德规范。生态伦理学（environmental ethics，又称环境伦理学），则是对人与自然环境之间道德关系的系统研究。人们的道德观和价值观通过道德规范而制约着人们对环境的行为，因此，人们需要从哲学的高度对人类与自然之间的关系进行重新反省，进而认识到人类对自然环境以及自然中各种动植物所应承担的责任。

21世纪的人们已达成一个基本共识：地球只有一个，人类必须保护以地球为基地的自然环境。人类要想可持续发展，必须对现代世界观、价值观、人生观以及现代文化进行改造，至于改造到何种程度才是有利于保护自然环境的，不同学派有不同的观点。

以人与自然及其存在物之间关系为研究对象的生态伦理学，于20世纪六七十年代开始备受关注。对"人与自然及其存在物之间关系"的回答，存在人类中心主义与非人类中心主义之分。人类中心主义者习惯将处理人与自然关系的伦理称为环境伦理，它是处理人与人之间道德关系的社会伦理的一个分支，是随着环境污染引起普遍关注而建立起来的。而非人类中心主义者认为，非人存在者也是道德主体，也应该对其讲道德。所以，人类需要再来一次伟大的伦理学革命，需要像解放奴隶一样，解放动植物或大地；或者说，道德共同体必须得到扩展，我们之所以要保护动植物以及山川河流，并不仅因为它们对我们有用，还因为

它们本身就有内在价值和权利，即它们本身就有不受侵害的权利。因此，在非人类中心主义者看来，生态伦理这个术语更适合表达他们的思想。

深层生态学的生态伦理主张在西方生态哲学界具有代表性。深层生态学的开创者奈斯 1973 年在《探索》杂志上发表了《浅层生态运动与深层、长远的生态运动：一个概要》① 一文，明确提出了"深层生态学"的概念和学术主张。他认为当前解决生态环境问题的主张是"浅层生态学"的。"浅层生态学"是以人类中心主义为思想基础的，它的主张是在不削弱人类利益的基本前提下对人与自然之间的关系进行改善。当时非常有影响的浅层生态学主张表现为"向环境污染和资源耗竭开战。核心目标：发达国家公民的健康和富裕"。② 在浅层生态学看来，人类利益是资源开发与环境保护的出发点和归宿，具有明显的人类中心主义特征。浅层生态学认为生态危机是人类发展阶段中的必然现象，它的出现是不可避免的；人类通过采用改进分配机制、完善社会体制以及发展科学技术等方式，最终是可以解决生态问题的。概而言之，浅层生态学主张在现有制度框架下通过经济、社会、技术等相应的治理手段来解决人类目前所面临的环境与生态问题。而"深层生态学"则从深层次探寻原因，它认为生态危机从本质上来说是文化危机和生存危机，生态危机的根源在于目前我们的社会机制、人的价值观念以及行为模式。浅层生态学把注意力集中在环境问题的某些具体症状上是不能从根本上解决问题的，这是典型的头痛医头、脚痛医脚的治标不治本的做法。"深层生态学"认为必须找出环境问题背后的深层原因——价值观念、伦理态度以及相应的社会结构。所以，人类必须在社会中树立起人与自然和谐的、一体的环境伦理观念；为了实现伦理观念的变革，人类

① Naess A. The Shallow and the Deep, Long-Range Ecology Movement：A Summary [J]. *Inquiry*, 1973 (16)：95-100.

② Naess A. The Shallow and the Deep, Long-Range Ecology Movement：A Summary [J]. *Inquiry*, 1973 (16)：95.

就必须对流行于当前的价值观念、现行的社会体制进行根本的改造。只有这样，人类才能解决生态危机和生存危机。故而，"深层生态学"反对以人类利益为绝对中心，它主张人应与自然和谐共处，它所提倡的是一种生态中心主义的思想。"在深层生态运动中我们是生命中心主义或生态中心主义的。对我们来说生物圈、整个星球、盖亚是最基本的整体的单位，每个生命具有内在价值。"① 所以，"深层生态学"与"浅层生态学"二者在思想基础、核心目标、环境问题解决方案等方面存在着根本的区别。

生态伦理的基本主张我们可以通过深层生态学平台所包含的八个纲领或者说是八条基本原则窥见一斑。这八条行动纲领是：②

（1）地球上包括人类和非人类生命在内的所有生命的健康和繁荣都有其自身的价值（内在价值或固有价值），而这些价值和人类眼中的有用性没有关系。

（2）生命形式的丰富性与多样性对于促进价值的实现是有利的，并且它们自身也是有价值的。

（3）人类没有权利减少生命形式的丰富性与多样性，除非这种减少是为了满足人类的基本需要。

（4）对人类而言，生命与文化的繁荣和人口不断减少之间是不矛盾的，而对非人类生命而言，其繁荣要求人口减少。

（5）当前人类过分干预非人类世界，并且这种过分干预的状况仍在迅速恶化中。

（6）所以我们必须改变现有的政策，这些政策影响着经济、技术

① Naess A. *The Basics of Deep Ecology. In Glasser & Alan Drengson ed. The Selected Works of Arne Naess*, *Volume X*（*Deep Ecology of Wisdom*）［M］. Netherlands：Springer Press，2005：18.

② Naess A. *The Basics of Deep Ecology. In Glasser & Alan Drengson ed. The Selected Works of Arne Naess*, *Volume X*（*Deep Ecology of Wisdom*）［M］. Netherlands：Springer Press，2005：18-20.

以及意识形态的基本结构，政策改变的结果将会和目前大不相同。

（7）意识形态方面的改变主要应该是在欣赏和评价生命平等或固有价值方面，而不应该是在坚持生活标准日益提高方面，关于数量上的多与质量上的好二者间的差别，我们应当有一种深刻的认识。

（8）所有对上述观点持赞同意见的人，都有直接或间接的义务来实现上述改变。

可以说，自然价值和自然权利是生态伦理的核心，如果承认了自然的内在价值，那么人类就应该减少对自然的干预。我们必须改变现有意识形态（观念）以及政策，从而改变我们的环境行为。从这种意义上讲，承认自然内在价值的生态伦理学，是后现代的。以生态中心主义为核心的生态伦理，是与人类可持续发展的要求相适应的。

人类与自然打交道的社会实践，不仅仅牵涉人与自然关系的处理，也总是牵涉到人与人之间的关系。所以，当我们思考人类对待自然的行为准则问题时，也必然要同时思考人际关系的处理问题。换言之，尽管生态伦理是关于人与自然之间关系的伦理，但它探讨的内容却不仅仅限于人与自然的关系。它既包括人对自然的根本态度和立场，也包括社会的人如何在社会实践中贯彻这种态度和立场。关心个人并关心人类，是生态伦理原则的基本要求。

## 2. 与现代生产生活方式相适应的环境意识不够

如果说以生态中心主义为核心的生态伦理是后现代的生态文明社会的伦理，那么，与现代工业社会相适应的伦理可以称为环境意识和环境观。环境意识和环境观的不足，是我国农村生态环境问题产生的重要原因。

从最初的含义上，生态伦理和环境伦理是同义词。我国学者常用生态伦理的提法，而西方学者更倾向于使用环境伦理。在学者的研究视野中，对生态伦理与环境伦理的理解存在着差别。随着 20 世纪西方生态运动的兴起，"生态"和"环境"的内涵被赋予了不同的含义。"'生态'一词具有把人与自然作为一个整体来认识的含义，隐含着人是自然界中的一个普通物种的观点。'环境'一词则通常使人联想起外在于人、与人相对应的那个'环境'，人与自然分离，通常被理解为二元论的。"① 学术界一般把"生态运动"和"生态哲学"视为生态中心主义倾向，把"环境运动"和"环境哲学"视为人类中心主义倾向。

"环境意识"一词在 1983 年召开的第二届全国环境保护会议上首次正式出现，自此成为一个高频词。它是由"Environmental Awareness"这一兴起于 20 世纪 60 年代的概念翻译而来的。环境意识内涵十分广泛，从不同的角度去研究、理解，就有不同的定义。陈永森侧重于环境保护角度，认为所谓的环境意识，就是人们对环境保护思想、观念、知识、态度、价值和心理的总称。② 杨朝飞认为环境意识是一个哲学概念，是人们对环境和环境保护的一个认识水平和认识程度，是人们为保护环境而不断调整自身经济活动和社会行为，协调人与环境、人与自然相互关系的实践活动的自觉性。③ 易先良认为，环境意识是指人们对于环境现象和环境行为能力的反映和认识。④ 从以上概念可以得出，尽管学者们有不同的理解和定义角度，但都认为环境意识的核心内容是关于人与自然的关系，是人们对人与自然关系的认识、心理、态度及相应行为的总称。

环境意识所包含的基本内容有：

（1）环境观，即对"环境是什么"以及"人与自然"关系的认识，它是环境意识的基础。

（2）环境价值观，它是人们关于环境之于人的价值的基本思考与判断，它实际上决定着人们在现实生活中的环境行为。

---

① 雷毅．生态伦理学 [M]．西安：陕西人民教育出版社，2000：44-45.
② 陈永森．公民精神纵横谈 [M]．北京：中国文联出版社，1999：230.
③ 杨朝飞．中国环境科学 [M]．北京：中国环境科学出版社，1991：3.
④ 易先良．论环境意识主体层次与环境训导顺序 [J]．中国环境科学，1993，13（1）：54-57.

（3）环境伦理观，它是用道德规范来调节人与自然的关系，引导人们选择正确的环境行为，从而达到人类与自然的和谐发展。此外，环境意识中还包括环境法制观和环境参与观。

环境意识是随着社会发展而发展的。作为上层建筑一部分的环境意识，影响因素很多，归根结底是由经济基础决定的。由于社会生活状况的变化，环境意识也会发生变迁。随着改革开放以及现代化进程的展开，我国经济、社会以及科技水平迅速提高，这要求作为社会意识一部分的环境意识也应随之而更新。此外，一国的文化传统、教育水平、公民消费习惯与消费观念、国家政策等因素都是民众环境意识的影响因素。

农民环境意识水平关系到农民的环境行动，进而直接影响着农村环境问题的产生、发展与解决。可以说，农民较弱的环境意识是目前我国农村日益恶化的生态环境问题产生的重要原因。农民环境意识落后主要表现为环境认知不足、环境意志薄弱两方面。

与传统农业相比，现代农业生产方式和生产要素、手段都有了很大的改变，而农民对现代农业要素的影响及可能的危害性缺少必要的认识。以现在农业生产中普遍使用的化肥、农药、农膜为例，传统农业中农家肥的使用不会导致土壤和水体的污染，农药、农膜作为新的农业要素，农民对其负面作用知之甚少，即使知道也在个人私利的推动下，无所顾忌地使用。显而易见，他们缺乏整体生态意识和环境保护意识。

大量的工业产品涌入农村社会，农民的生活方式也随之改变，但农民的很多生活习性仍然保留着农业社会的传统。对环境影响较大的工业品大量使用后随意丢弃，严重影响农村的生态环境。例如，白色污染在农村很常见，农民在没有意识到其危害性情况下习惯性地随手丢弃；含有污染环境物质的生活污水随意倾倒，导致水体和土壤受到污染；在物质丰富状况下的过度消费等。这些都与现代生活所要求的新的环境伦理不相符合。

1999 年，国家环保总局和教育部联合发布了《全国公众的环境意识调查报告》，这份报告数据主要是在 1998 年采集完成的，调研范围涉及全国 31 个省、市、自治区（港、澳、台除外）中的 139 个县级行政区。该报告显示："多数公众认为我国环境污染状况严重。但把环境问题与其他社会问题相比较，则显现出公众对环境问题的重视程度较低。"公众对水污染和大气污染最为关注。最关注水污染问题的公众为 26.6%，其中农村为 30.3%；最关注大气污染问题的公众，城市为 29.4%，农村为 23.9%。调查结果还显示：文化程度是影响公众环境意识的显著因素，文化程度越高的人越重视环境问题，同时在环境知识和环保参与上都明显高于受教育程度低的民众。公众的环保知识水平还处于较低的层次，在环保知识测试中，共 13 道环保知识题，每题 1 分，人均得分 2.8 分，其中城市人均 4.5 分，农村人均 2.4 分。公众参与环保的总体水平较低，而且公众参与水平与受教育程度直接相关，文化程度越高参与环保水平也越高。近 1/3 的公众对人与自然的关系认识模糊，相当一部分公众的自然观明显不符合环保要求，33.9% 的人认为"人应该征服自然以谋求幸福"，近 1/4 的人"非常同意"或"大体同意"。由上可知，由于受教育程度不同，城乡差别在公众环境意识的各个方面均有明显表现，农村居民的环境意识弱于城市居民。①

　　2007 年中国环境意识项目办发布的《2007 年全国公众环境意识调查报告》显示：在环境认知、环境保护意识、环境保护行为等方面，均存在明显的城乡差别，农村的环境总体意识低于城市。就城乡而言，环境总体意识较低人群中，城市常住人口占 28.1%，农村常住人口占 71.9%。环境总体意识较高人群中，城市常住人口占 74%，农村常住人口占 26%。就年龄而言，环境总体意识较低的人群中，中青年人的比例较高；而环境总体意识较高人群中，则以青年人为主。就受教育程度而言，环境总体意识较低的人群中，初中以下学历占比较高。就职业分

---

　　①　全国公众的环境意识调查报告 [J]. 人民论坛, 1999 (7)：21.

类而言，环境总体意识较低人群中，农民占半数。①

**分城乡对中国环境意识项目及口号的认知情况**

| 城乡类型 | 您是否听说过中国环境意识项目（%） | | 您是否听说过"今天你环保了吗"这样的口号（%） | |
|---|---|---|---|---|
| | 听说过 | 没听说过 | 听说过 | 没听说过 |
| 城市 | 34.2 | 65.8 | 59.8 | 40.2 |
| 农村 | 19.6 | 80.4 | 36.9 | 63.1 |

（资料来源：中国环境意识项目办发布的《2007 年全国公众环境意识调查报告》）

将 2007 年的调查与 1998 年的调查进行对比，可以发现我国公众的环保知识水平有所提高，同时城乡差距也很明显，并有差距加大的趋势。有学者将这两个调查的数据进行对比研究，认为："过去 10 年，我国公众环境意识的总体水平呈上升趋势，其发展过程呈现出类似'环境库兹涅茨曲线'的特征。预计未来我国公众环境意识的总体水平将呈现加速上升趋势，2008—2017 年进入快速上升阶段，2019 年将达到较高的稳定水平。因此，建议未来应加强农村和低教育群体的环境认知教育……"②

以上间隔十年的调查显示，农村居民在环境知识、环保意识以及环保参与方面的水平都低于城市居民，这种城乡差别提醒我们必须重视对农村居民的环境意识培育。受教育水平较低是农村居民环境意识较低的重要影响因素，因此，提高农村居民受教育水平、加强环境宣传成为当务之急。

---

①　中国环境意识项目办 . 2007 年全国公众环境意识调查报告［J］. 世界环境，2008（2）：76.

②　闫国东，康建成，谢小进，等 . 中国公众环境意识的变化趋势［J］. 中国人口·资源与环境，2010（10）：55.

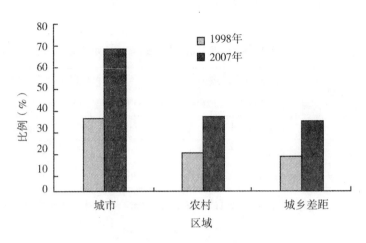

我国城乡居民环境知识水平

(图片来源：中国公众环境意识的变化趋势 [J]．中国人口·资源与环境，2010（10）.)

由于种种原因，我国缺乏专门针对农村居民环境意识的大规模调查。在这里，本书以一次小规模的调查走访为例，来管窥一下农村居民的环境意识。

2010年7月笔者带领的团队对湖北省松滋市进行了为期9天的调查。期间，走访了当地环保局、国土资源管理局、农业技术服务中心、农业机械化服务中心、畜牧兽医技术服务中心等有关部门；先后到刘家场镇、新江口镇、八宝镇等7个乡镇近20个村考察新农村建设和循环经济发展情况，并通过实地察看、调查问卷、走访交谈等形式了解农民的环境意识和环境行为。

松滋市刘家场镇三堰淌村全村国土面积8.6平方公里，农户324户，人口5800人。三堰淌村2010年被授予"湖北省生态村"，先后被评为省级"卫生村"、"荆州市经济实力十强村"等荣誉称号，并誉为"荆州第一村"，"鄂西南旅游名村"，还是湖北省乡村农业观光旅游示范村、荆州市旅游名村，为湖北省4A级旅游景区。三堰淌村处于山岭沟壑中，展现出了"七山一水两分田"的地貌特征，自然生态状况比较好。

　　调查中我们随机抽样走访了一个村子 20 家村户，发放调查问卷 20 份，回收有效问卷 17 份（由于有些家里是老人，文化水平不高，由调查人员根据村民口述而填写）。以调查问卷为依托，我们大致了解到不同地区水、空气、能源、农药使用、垃圾处理等有关环境保护和资源循环利用的情况。下面就调查问卷的结果进行总结：

　　（1）关于水

| 生活用水来源 | 户数 |
| --- | --- |
| 自来水 | 5 |
| 河水 | 2 |
| 井水 | 10 |
| 蓄水池水 | 2 |
| 泉眼水 | 1（有 3 户是搭配使用） |

| 水质状况 | 户数 |
| --- | --- |
| 很好 | 1（泉眼水） |
| 可以使用 | 15 |
| 不能使用 | 1（有黄色沉淀，需要过滤和添加白矾） |

| 附近河水最近几年有没有受到污染 | 户数 |
| --- | --- |
| 有很大污染 | 5 |
| 有点污染 | 8 |
| 没有污染 | 4 |

| 生活污水处理 | 户数 |
|---|---|
| 随处排放 | 14 |
| 集中处理 | 3 |

| 是否愿意花少量费用集中处理污水 | 户数 |
|---|---|
| 愿意 | 16 |
| 不愿意 | 1 |

（2）关于空气质量

| 空气质量 | 户数 |
|---|---|
| 很好 | 3 |
| 一般，可以接受 | 14 |
| 很差 | 0 |

（3）关于生活能源使用

| 生活能源 | 户数 |
|---|---|
| 天然气 | 0 |
| 煤 | 12 |
| 柴 | 14 |
| 沼气 | 6 |
| 液化气 | 6 |
| 太阳能 | 1 |

（4）关于化肥使用

| 化肥近几年使用量 | 户数 |
|---|---|
| 有所降低 | 0 |
| 有所上升 | 10 |
| 没多大变化 | 7 |

| 化肥是否会使土壤板结化 | 户数 |
|---|---|
| 会 | 1 |
| 不会 | 15 |
| 不知道 | 1 |

（5）关于近几年农作物收成

| 近几年农作物收成 | 户数 |
|---|---|
| 上升 | 15 |
| 下降 | 0 |
| 不变 | 2 |

（6）关于生活垃圾处理

| 生活垃圾如何处理 | 户数 |
|---|---|
| 随意丢弃 | 10 |
| 分类堆放处理 | 4 |
| 有人来处理 | 3 |

| 生活垃圾如何处理较好 | 户数 |
|---|---|
| 随意丢弃 | 0 |
| 集中处理 | 17 |

（7）关于秸秆和家禽粪便处理

| 秸秆如何处理 | 户数 |
|---|---|
| 自然焚烧 | 7 |
| 粉碎做饲料 | 1 |
| 做肥料 | 9 |

| 家禽粪便处理 | 户数 |
|---|---|
| 随意丢弃 | 0 |
| 直接做肥料 | 12 |
| 用做沼气原料 | 5 |

（8）关于本地污染企业

| 本地污染最大的企业 | 户数 |
|---|---|
| 造纸厂 | 3 |
| 水泥厂 | 1 |
| 小炼钢和铁厂 | 1 |
| 化工厂 | 5 |
| 瓦厂 | 1 |
| 无工厂污染 | 6 |

| 附近企业对生活是否有影响 | 户数 |
|:---:|:---:|
| 有影响 | 8 |
| 没影响 | 7 |
| 没注意 | 2 |

（9）对本地环境影响的最大因素

| 对本地环境影响的最大因素 | 户数 |
|:---:|:---:|
| 工业生产废气物 | 1 |
| 生活垃圾 | 7 |
| 生活水污染 | 9 |

（10）最关心的环境质量

| 最关心的环境质量是 | 户数 |
|:---:|:---:|
| 水 | 16 |
| 土壤 | 0 |
| 空气 | 1 |

（11）对当地环保组织和部门的了解

| 是否知道当地环保组织和部门 | 户数 |
|:---:|:---:|
| 知道 | 10 |
| 不知道 | 7 |

| 当地是否有环保的教育和宣传工作 | 户数 |
|---|---|
| 有 | 5 |
| 没有 | 12 |

三堰淌村是"省新农村建设重点村"和"湖北省生态村"，由于多山多林地的自然地理条件以及新农村建设的推进，生态状况相对比较好。但是，由于工业发展和农业生产以及农民的生活等因素的影响，当地的生态也受到影响。

分析显示：当地农户生活用水来源多样化，水质状况尚可，水污染不是很严重。空气质量尚可，82%的农户对空气质量持可以接受态度。能源使用上，混合使用是常态，其中煤和柴仍占大多数，有利于资源循环利用的沼气使用率达到15.4%。对生活垃圾的处理，有条件的或村部规划较好的乡镇，村民能做到分类堆放，但大多村民是随意堆放的。家禽粪便大部分做了有机化利用和处理。近几年化肥的使用量有所上升，农民对化肥是否对土壤造成负面影响缺乏认识。对水的质量最关心，认为导致水污染的最大原因是生活用水污染。94%的农户认为生活垃圾和生活水污染是影响本地环境的最大因素。

现代农业生产中，化肥、农药被广泛使用。调查走访发现，近几年当地农户对化肥的使用量有所上升，这与当地农作物收成有所提高是成正比的。但是，农民对化肥是否对土壤造成负面影响缺乏认识，只有5.9%的受访农民认识到化肥的过量使用会导致土壤的板结。这说明，农户对现代农业生产方式给环境造成的破坏缺乏相应的认识，也没有意识到避免这种负面影响，更不需谈采取何种措施。

工业产品大量涌入农村，是农村现代生活的一个基本要求。调查发现，这种现代生活方式所带来的大量废弃物的处理，成为当前面临的一个难题。固体废弃物的随意堆放，生活废水的随意排放，成为当地农民生活环境污染的最大来源。调查发现82%的农户是将生活污水直接排放的，而这正是他们所不满的环境污染的罪魁祸首。由于农村生活废弃物的集中无害化处理所需成本较高，所以很多乡村都无法做到集中无害化处理。

与农民环境意识培育、环境行为养成密切相关的是政府相关部门的工作态度。环境保护部门是这一任务的主要承担者。当地环保组织和机构的工作也值得我们反思，因为近一半农户不知道当地环保组织或机构，更不用说这些部门做过什么教育，从事过哪些宣传工作。通过这一点可以看出，农村社会整体的生态意识都需要提高，既包括农民自身，也包括社会、政府对农村生态保护的意识。

综上分析，农民在人与自然的关系、对生态系统的认识、提高环境保护意识等方面，都与现代生产、生活和现代社会的要求不相符。农民生态伦理观的滞后是个不争的事实。

### 二、从生态正义角度对农村生态问题的解读

实现社会和谐，建设美丽中国，是新世纪新阶段我国社会建设的目标。公正是和谐社会的首要条件，社会是否和谐的评判标准之一就是社会的公平和公正程度。在环境危机日益加深的今天，环境正义已是社会公正的重要内容，同时也是和谐社会建设的重要要求。环境不公在折射出社会不公的同时势必加剧社会不公，直接影响社会的和谐稳定。和谐新农村是我国和谐社会建设的重要组成部分，也是我国农村建设的目标。目前农村环境正义问题影响了人与自然、人与人以及城乡间的和谐，进而影响了我国和谐社会的建设。

#### 1. 环境正义理论

正义为正当公平之意，与"公正"同义。正义存在于人与人之间的社会关系中，是对调整社会关系的规则制度等的价值评价，是指规定着社会成员具体的基本权利和义务的制度设计、行为规范、思想观点

等，具有公正性、合理性的特点。换句话说，正义表现为"给每一个人他所应得的"这种基本的形式。① 正义这一概念的涵盖面很大，它既涉及社会发展的基本宗旨以及社会的基本制度，也涉及社会成员的基本行为取向；既不能将之仅仅局限于道德哲学的范畴，也不能将之仅仅局限于经济学意义上的收入分配领域。环境保护是人类生存发展的基础。事实证明，在工业化的狂飙推进中，一些利益集团对资源的滥用和对自然环境的疯狂破坏已经导致另一些人的贫困和疾病丛生，环境不公已经是社会不公的生动写照，因此环境问题已是正义范畴之中的问题。

环境正义思想作为环境伦理学的重要理论内容，不是凭空捏造也不是幻想假设的。它之所以在 20 世纪下半叶萌芽、创生、发展是有其现实缘由的。环境正义思想反映的是人类对人—自然—社会之间全面关系伦理式的审视与反思，这种审视与反思建基在生态问题引发的人—自然—社会之间的多层次矛盾和环境正义运动之上。环境正义思想源于美国民权运动。1982 年的"沃伦抗议"运动引起了人们对不公平使用社区土地这一种族新歧视的广泛关注。② 同年，介绍沃伦县居民示威活动的小书《必由之路：为环境正义而战》出版，该书首次使用了"环境正义"一词，环境正义运动也正式拉开了序幕。这一运动将种族、贫穷和工业废物的环境后果联系起来，构成与主流环境保护组织即美国白人中产阶级不同的环境观，即认为主流环境保护组织只关心森林与濒危物种等自然生态，忽视了环境政策中人类不同社区与族群间的不平等后果。因此，环境正义运动强调环境也是人们生活、工作和玩耍的空间，环境正义与社会的、种族的、经济的正义联系在一起，涉及由人的生存空间带来的社会问题，触及环境问题中的阶层利益关系。因此，环境正

---

① ［英］A．J．M．米尔恩．人的权利与人的多样性——人权哲学［M］．夏勇，张志铭，译．北京：中国大百科全书出版社，1995：58.

② Troy W．Hartley：Environmental Justice：An Environmental Civil Rights Value Acceptable to All World Views［J］. *Environmental Ethics*，1995（17）：277-278.

义是用社会公平、公正价值观念来解决环境社会问题的一种价值伦理取向。

环境正义理论的基本倾向是关注环境问题中人与人之间社会关系失调的一面，强调不平等的支配性政治结构引起了环境非正义问题。这一取向在西方环境正义理论内部目前主要有三种研究范式，分别从不同的角度关注环境非正义问题及其所带来的人与人之间的关系。① 1991 年，美国"第一次全国有色人种环境领导高峰会"提出了 17 条环境正义原则，其中就包括"环境正义要求公共政策必须以给予所有人民尊重和正义为基础，不得有任何形式的歧视和偏见"、"环境正义要求全体人民享有作为平等的伙伴参与各个级别的决策的权利，这些决策包括需求和评估"两条，前者突出了环境政策以不歧视方式的实施程度，后者突出了公众对环境决策的影响程度，我们可将这一取向概括为环境问题中的制度正义。

环境正义在一般意义上是指所有人不论其世代国别、民族种族、性别年龄、地区及贫富差异等，均享有利用自然资源的权利，均享有安全健康的环境权利，均承担保护环境的责任与义务。环境正义作为环境领域中的一种价值判断，可有三个层面的评价标准：一是各主体间公平地共享环境收益，共担环境风险的分配正义；二是在环境政策的制定、遵守与实施中，各主体得到平等对待与实质性参与的制度正义；三是尊重每类主体尤其是弱者的尊严与价值，维护弱者的生存权、生命权与环境权的承认正义。②

环境正义实际上是一个非常宽泛的概念，它不仅是国家内部存在的问题，也是各主权国家之间存在的国际问题，它同时也在人类与其他物种间、人类世代间非常严峻地存在着。广义的环境正义指人类与自然之

---

① 王韬洋. 西方环境正义研究述评 [J]. 道德与文明，2010（1）：126-129.
② 朱力，龙永红. 中国环境正义问题的凸显与调控 [J]. 南京大学学报，2012（1）：48-54.

间实施正义的可能性问题，即人类作为整体公正地对待自然的种际正义，这其中的核心问题是如何看待自然的价值，自然有无内在价值。狭义的环境正义指所有主体都应享有平等的环境权利并根据实际享受的环境权益履行相应的环境义务，即环境利益上的社会公正，具体体现为时空两个维度的公正：在空间维度上包括国际公正、族际公正、域际公正、群际公正；在时间维度上主要指代际公正。

## 2. 环境非正义问题

环境正义理论的基本倾向是关注现实生活中人与人之间失调的社会关系以及环境非正义现象，进而提出政策建议。以环境正义理论来分析新农村建设及其环境问题，可以发现很多环境非正义现象的存在，对和谐新农村建设产生不利影响。

农村环境公正问题主要是一国内部的环境公正问题，从空间维度看属于地区层次（域际）的环境公正问题。当然从广义上看，也涉及人类作为整体公正地对待自然的种际正义。环境公平从内容维度，分为所有主体在环境权利和义务上的公平，简称为环境权利公平，以及所有主体在环境权利被侵害时救济权上的公平，简称为环境矫正公平。① 具体到农村环境公平，可以阐述为在环境资源的使用及保护上，所有主体一律平等，农民与城市人享有同等的权利，负有同等的义务。换言之国家的每个公民，不管居住在城市还是农村，都有公平利用资源和享受清洁环境的权利，同时也都负有保护环境的义务，并且破坏环境后必须承担责任。

（1）环境权利、义务上的城乡不公正问题

随着我国经济的快速发展，环境污染和生态破坏问题越来越突出。现代的工农业生产导致大量的环境污染和生态破坏发生，而这些问题主

---

① 文同爱，李寅铨．环境公平、环境效率及其与可持续发展的关系［J］．中国人口·资源与环境，2003（4）：13-17.

要发生在广大的农村，危害的是农民和农村。而现代工农业生产所带来的利益，主要不是由农民享有，这导致了农民环境权利与义务的严重不对等，并引发了城乡环境的不公正。农村所面临的一个首要环境问题是污染，而且，近年污染由城市向农村转移趋势明显，城市污染好转而农村污染日益加重。生态恶化是农村面临的另一重要环境问题，正如国家环保官员潘岳所言，"农村在为城市装满'米袋子'、'菜篮子'的同时，出现了地力衰竭、生态退化和农业面源污染问题"。① 这些都显示出城乡间的环境不公正。随着环境污染由城市向农村、发达地区向欠发达地区转移，在因环境问题而产生的冲突中，以农民为主体的环境群体性事件大幅度增加。有能力避开环境污染的与没能力避开环境污染的形成新的两极分化，这是社会经济地位在环境利益分配场域的反映。学者们认为中国环境污染的最大受害者是作为弱势产业的农业和弱势群体的农民。

对自然资源的不当开发以及违规利用现象不断发生，这从环境导致的纠纷事件不断上升上可看出来。近年来，我国环境纠纷不断上升，甚至出现群体性事件。人民日报 2007 年 2 月的一份报道称：近 3 年来，环保部门收到的环境问题投诉以每年 30% 的速度上升，2005 年达到 60 多万件，群众上访达 8.5 万批次以上，由严重环境污染而引发的大规模群体事件呈多发态势，其中相当数量的污染事件的受害者是农村居民。2005 年，全国发生环境污染纠纷 5 万起，对抗程度明显高于其他群体性事件。② 因环境问题有其特殊性，一旦某地产生污染，就使当地群众的基本生活受到影响，甚至无法生存，即使金钱也无法补偿或替代，因而环境问题引发的群体性事件的对抗程度明显高于一般群体事件。

---

① 环保总局副局长潘岳：公平的环保促进社会的公平 [EB/OL]．(2004-11-01)．http：//news. sina. com. cn/c/2004-11-01/ba4778087. shtml.

② 潘岳. 和谐社会目标下的环境友好型社会 [N]. 21 世纪经济报道，2006-07-17：34.

（2）群际不正义现象

农村生态环境破坏给农村的持续发展造成严重威胁，但是利益却主要是被特定的群体享有。矿难是这种环境非正义形态的典型。过度采矿给当地居民带来地质灾害，不断造成新的塌陷区，使村民成为环境难民。如近年矿难发生频率较多的山西省，至2006年即因采矿造成山西1/7地面悬空，地质灾害面积达6000平方公里，使1900多个自然村近220万人成为"生态难民"，而煤老板们有足够的能力异地购房而举家外迁。财富的掠夺者不愿意待在他掠夺财富的地方。① 目前，广受关注的雾霾天气，主要是由工业生产和城市生活所导致的，但是广大的农民却也无辜地成了受害者。如果不能对农民这个弱势群体所受侵害进行矫正性的补偿，即为环境不公正。事实上目前也无法实现对其权利和利益受损的补偿，对此，我国既无明确的法律规定，也缺乏具体实践。

环境权责的分配不公是我国环境非正义最具显性的形态，它表现为一部分人得到了想要的利润与利益，另一部分人却失去了空气、水和赖以为生的土地甚至生命，污染企业或政府即使要修复已被污染的环境空间，所投入的资金也许远远大于其所产出的效益。

（3）代际不正义问题

代际公平，是指当代人和后代人在利用自然资源、满足自身利益、谋求生存与发展上的权利均等。作为可持续发展原则的一个重要内容，它主要是指当代人为后代人类的利益保存自然资源的需求。这一理论最早由美国国际法学者爱迪·B. 维丝提出。代际公平中有一个重要的"托管"概念，认为人类每一代人都是后代人类的受托人，在后代人的委托之下，当代人有责任保护地球环境并将它完好地交给后代人。

在当代与后代的关系层面，自然资源枯竭直接威胁到人类的自然延续。恩格斯说过，人类有两种并行且同等重要的生产：劳动生产和人自

---

① 谌彦辉. 山西富人及其"生态难民"［EB/OL］. http：//news. 163. com/06/1002/09/2SDU0JTI000120GU. html.

身的生产。当今的劳动生产恶性透支地球上有限的自然资源，直接破坏了自然界，实质上也就威胁到人自身的生产。自然界不仅是当代人的无机身体，而且也是子孙后代的无机身体，我们预支了本属于子孙后代的那部分无机身体，实质上也就剥夺了子孙后代的生存权。在这种情况下，人类还具有可持续发展能力吗？显然，这是事关人类根本利益的问题，也是我们当代人同我们子孙后代之间的关系问题。

对广大农村地区自然资源的肆意掠夺和无序开发，耕地的大规模减少，森林大面积的消失，矿产资源高强度开采，这些必然会损害子孙后代的环境权益，也影响到后代的持续发展。可以说，这不仅是一个自然资源动态优化配置的技术问题，更是一个事关人类根本利益并涉及代际正义的伦理问题。

（4）种际公平问题

种际正义关涉物种之间的公平与正义。动物解放论、动物权利论、生命平等论、自然价值论、深层生态学等百花齐放、百家争鸣，它们各自从某一前提出发建构较为严密的理论体系，拓展了传统伦理学的界域与问题域。种际公平是最能体现环境公平特色的内容。"判断物种是否公平的主要依据，是自然正义即自然生态规律。"①

种际正义的核心是反省人与自然界其他物种的关系，承认自然的内在价值，保护物种多样性，维护生态系统平衡、稳定、可持续发展。自然的内在价值主要指的是自然不需要人来决定，与人的需要无涉，具有非工具意义的内在目的性。霍尔姆斯·罗尔斯顿认为，"自然的内在价值是某些自然情景中所固有的价值，不需要以人类作为参照"。②

在主客体二元思维方式下，资源环境是作为客体被利用的，这导致

---

① 蔡守秋. 环境公平与环境民主——三论环境资源法学的基本理念 ［J］. 河海大学学报，2005（3）：15.

② ［美］霍尔姆斯·罗尔斯顿. 哲学走向荒野 ［M］. 刘耳，叶平，译. 长春：吉林人民出版社，2000：189.

农村工业、农业生产的粗放型生产方式，农村生活的随意性。不遵循生态规律导致生态破坏日益严重，这是种际不公正的体现，也与生态文明理念不符合。

现代生态学告诉我们，人类不应该为了人类自身利益而破坏环境，因为这样做会威胁到人类自身的生存。而生态伦理的要求是，将我们的行动是否有利于生态共同体的完整、稳定与美丽，作为判断我们行动对与错的标准。

为了走出生态危机，人类必须根本改变当前文明的发展方向，也就是说要改变资本主义方向和工业主义方向，我国为此将建设生态文明社会作为未来的发展方向，西方国家学者提出了后工业社会的发展方向。

为此，我们应努力促成如下的转变：

生产方式方面，由工业主义转向生态主义。21 世纪的物质生产不能再以机械论科学为指导，必须以生态学为指导。生态主义生产方式不应片面追求物质产品的多，而应在物质生产过程中谋求地球的生态平衡。

生活方式方面，提倡物质生活的简朴和精神生活的丰富，摒弃物质主义和消费主义。

科学方面，由把握自然的科学转向理解自然的科学。理解自然的科学把自然当做待理解的主体，而不把自然当做待说明的客体。科学应成为人类倾听自然"言说"的中介。

技术方面，由征服自然的技术转向保护地球的技术。

# 本 章 小 结

农村生态是个综合系统，其生态环境问题的成因复杂，包括政治、经济、文化、技术等各方面的因素。综观各方面的原因，我们可以看到环境伦理思想无处不在的深层影响。从伦理角度分析，人类中心主义的生产、生活方式，具有后工业时代特征的生态伦理的缺失，以及与工业文明相适应的环境意识和环境观的不足，是我国农村生态环境问题产生的重要原因。

反思农村现有的环境伦理并培育新的环境观迫在眉睫。为此，要以生态文明为基础，借鉴西方新的环境伦理观，发掘传统环境伦理思想，构建适合生态文明要求的新的农村环境伦理观。

# 第四章　思想维度：乡村生态伦理培育的精神资源

传统农业社会向现代工业社会的转型，以及现代化的高歌猛进，在给中国社会带来高速发展的同时，也带来了环境污染和生态破坏等严重的负面影响。农村生态问题是现代化所带来的阶段性问题，但尽管是阶段性的，如果不能及时遏制生态恶化的趋势并使生态环境得到改善，将会严重威胁到我国农村社会的可持续发展，进而也会影响到我国的和谐发展。农村生态环境问题是现代工业文明所导致的，而支撑现代工业文明的则是人类中心主义及其相应的制度。因此，要想农村生态环境得到根本的改善，必须从深层次的思想上探寻问题根源及解决对策，进行价值观层面的变革与更新。根据上一章的分析，我们发现，我国农民尚未建立起与现代农业生产生活方式相适应的环境意识和环境观，与生态文明相适应的生态伦理也需要大力培育。

## 第一节　乡村生态伦理更新的现实依据

改革开放 40 多年来，以农业现代化和农村城镇化为基本内容的农村改革进程，使中国乡村社会的生产方式和生活方式得到极大的改变，与此同时，这一进程也引发了乡村伦理关系和农民道德观念的变迁。"40 年来乡村伦理的嬗变及冲突，是社会转型期中国伦理文化面临的

'现代性'问题在乡村场域中的体现。"① 当前,我国已经进入社会主义新时代,新时代必然要求道德上的更新,从而形成与生态文明社会和生态制度相匹配的生态伦理。

## 一、乡村生态伦理更新是人们追求美好生活的现实要求

十九大报告指出:人民对美好生活的向往是我们的奋斗目标。我国的现代化既要创造更多物质财富和精神财富以满足人民日益增长的美好生活需要,也要提供更多优质生态产品以满足人民日益增长的优美生态环境需要。习近平总书记强调:"农业强不强、农村美不美、农民富不富,决定着亿万农民的获得感和幸福感,决定着我国全面小康社会的成色和社会主义现代化的质量。"② 可见,良好的农村生态环境,是农民享受美好生活的基本要求。当前,农村生态环境问题已经给农民的生活和农村社会可持续发展带来极大的威胁。

### 1. 农村生态环境问题严重影响农民的健康和生活质量

良好的生态环境,是人们幸福生活的基本要求;同时,经济发展所带来的生活富裕也是幸福生活的一个必然要求。我们既要有富裕的物质生活,又要享受良好的生态环境。要让良好生态环境成为人民生活质量的增长点。可以说,我国全面小康社会建设和"中国梦"的实现,是以生态和经济的共同发展为前提的。那么农村的生态环境又是否能满足人民对美好生活的要求呢? 2011 年对全国 364 个村庄的监测试点结果表明,环境空气质量达标的村庄占 81.9%;农村地表水为轻度污染;农村土壤样品超标率为 21.5%,垃圾场周边、农田、菜地和企业周边

---

① 王露璐. 农村改革 30 年来的伦理变迁与反思 [N]. 光明日报, 2009-04-07.

② 谱写新时代乡村振兴新篇章 [N]. 人民日报, 2017-12-30 (1).

土壤污染较重。① 清洁的空气、水是农民健康的必要保障，而严重的污染，尤其是水质的污染，威胁着农民的健康甚至是生命。受水源水质污染等因素影响，我国农村地区癌症死亡率上升的速度明显高于城市，农村环境的恶化产生了不少癌症村，癌症高发已成为污染地区农村无法回避的现实。农村生态的恶化，与我国全面小康社会建设的目标严重不符。

### 2. 农村生态环境问题严重影响农村社会的稳定

近年来，农村环境冲突加剧。衡量环境冲突加剧的一个重要指标是环境保护部门受理的"环境信访"案件的变动情况。数据表明，环境信访数量自 20 世纪 90 年代以来迅猛增加，到 2005 年，环境信访来信数量超过 60 万封，为"八五"期间的 2 倍多和 1995 年的 10 倍以上。根据环境保护部机关信访办的统计，从 2008 年至 2009 年，共有 4973 件来信、716 批来访，其中 50%的来信和 70%的来访反映的是农村地区的污染问题，主要问题包括饮用水井、灌溉水源污染，粉尘、噪声、恶臭扰民，种植物、养殖物因污染受损，健康受损等。与环境信访的急剧增加并行的是"环境污染纠纷"的凸现。2001—2005 年全国发生污染纠纷分别为 5.6 万、7.1 万、6.2 万、5.1 万和 12.8 万件，这些纠纷主要发生在农村地区。可见，农村环境冲突已经影响到农村社会的稳定与和谐。②

### 3. 农村生态环境问题严重影响农村经济的可持续发展，也成为我国经济发展的制约因素

在我国，实现社会的可持续发展离不开农村经济的发展和农村的可

---

① 环保部 2011 年《中国环境状况公报》［EB/OL］. 中国广播网，http：//www.cnr.cn/allnews/201206/t20120608_509845463.html.

② 张立林. 政经一体化开发机制与中国农村的环境冲突［J］. 探索与争鸣，2006（5）：26.

持续性发展。目前，农村土地沙化、土壤污染、水质污染等影响着农业的可持续性；土壤污染和水质污染导致农产品的有害物超标和不安全，不仅影响民众的身体健康和生活质量，同时影响了农产品的出口。我国农村人口数量大，农村地域广阔，农村可持续发展是整个国家持续繁荣发展的重要前提。农村的环境问题不仅是农村的问题，也是制约我国整体经济社会可持续发展的问题。

### 二、乡村生态伦理更新是生态文明社会建设的要求

生态伦理观的缺失导致了人们在农业生产以及日常生活中的不当行为，引起农村的环境污染和生态退化。时代呼唤新的环境伦理观，呼唤与生态文明社会相适应的生态伦理。

21 世纪是生态文明的世纪，建设生态文明正在成为人类的共识。党的十七大做出了建设生态文明的重大战略决策，提出建设生态文明，构建社会主义和谐社会的目标。十八大更是特别强调生态文明建设，提出要"把生态文明建设放在突出地位，融入经济建设、政治建设、文化建设、社会建设各方面和全过程，努力建设美丽中国，实现中华民族永续发展"。① 2017 年召开的十九大，进一步确认"建设生态文明是中华民族永续发展的千年大计"，我们要"加快生态文明体制改革，建设美丽中国"。② 我们要建设的现代化是人与自然和谐共生的现代化，我们要还自然以宁静、和谐、美丽。

生态文明作为一种后工业文明，是人类社会一种新的文明形态，是人类迄今为止最高的文明形态。③ 它是以人与自然、人与人、人与社会

---

① 胡锦涛. 坚定不移沿着中国特色社会主义道路前进 为全面建成小康社会而奋斗——在中国共产党第十八次全国代表大会上的报告 [EB/OL]. 新华网，2012-11-19.

② 习近平：决胜全面建成小康社会 夺取新时代中国特色社会主义伟大胜利——在中国共产党第十九次全国代表大会上的报告 [EB/OL]. (2017-10-27). http：//www.gov.cn/zhuanti/2017-10/27/content_5234876.htm.

③ 俞可平. 科学发展观与生态文明 [J]. 马克思主义与现实，2005 (4)：4.

和谐共生、良性循环、全面发展、持续繁荣为基本宗旨的文化伦理形态，也是人类遵循人、自然、社会和谐发展这一客观规律而取得的物质与精神成果的总和。

当前，建设生态文明社会已经成为我国的基本国策。生态文明社会建设，为环境伦理观的更新提供了有利的时代背景和良好的社会土壤，同时也对环境伦理观的更新与发展提出了内在要求。生态文明要求人与自然的良性循环和发展，强调尊重自然，顺应自然规律，它要求人类重新认识自然的价值并对人与自然的关系进行反思，这当然也包括农民主体反思在农业生产生活中的行为，以及如何处理和自然环境的关系。

恩格斯曾经指出："人们自觉或不自觉地、归根到底总是从他们阶级地位所依据的实际关系中——从他们进行生产和交换的经济关系中，获得自己的伦理观念。"① 也就是说，道德受一定社会的经济发展水平和经济制度的制约，其产生、内容及作用范围由社会经济关系和作为经济关系表现的利益及利益关系决定。因此，只有从经济关系特别是利益关系的变动中，才能找到把握道德变化发展规律的正确路径。社会主义生态文明建设的实践为公民生态伦理道德的更新提供了现实基础。

## 第二节　乡村生态伦理培育的精神资源

牛顿曾经说过：如果我比别人看得更远，那是因为我站在巨人的肩上。任何一种新的学说或理论的创立与发展，都是建立在对人类思想和文化发展中的优秀成果的吸收与借鉴上的；同样，一种新的理念或思想，也都是对前人思想的批判性继承。中国传统文化中丰富的生态思想、马克思主义生态思想以及当代西方生态伦理思想，为我国乡村生态伦理的培育提供了良好的资源。

---

① 马克思恩格斯选集（第 2 卷）［M］. 北京：人民出版社，1995：434.

**一、中国农业时代传统生态思想，是新型环境伦理观的重要思想资源**

西方现代生态伦理的"东方转向"表明了西方学界对包括中国在内的东方传统文化的重视。在西方现代生态思想学家们看来，人类目前所面临的生态危机根源于西方社会文化传统中的人类中心主义的价值观。人类要想解决全球性的环境危机，从目前的困境中走出来，就必须对这种价值观进行深刻的反思和改变。一些生态学家和环保人士意识到要想从西方文明内部突破传统的禁锢很困难，故而人们应该借助于外部的思想文化资源，东方文化尤其引人关注。因此，他们纷纷将目光转向东方传统。在这种背景下，就出现了西方现代生态伦理的"东方转向"。① 不仅如此，"东方转向的现象已经从最初的'东方学'领域中溢出，在相当程度上渗透到了西方发达社会中人的思维方式、感知方式和生活方式之中"。② 在 20 世纪 70 年代风靡西方的《现代物理学与东方之道》一书中，卡普拉认为相对论以及量子物理学的新发现是与东方的佛教、道家的整体观是完全相通并对应的。③ 可见，有识之士都意识到了包括中国在内的东方文化与西方文化的互补性，意识到东方哲学的思维方式对克服和改变西方思维方式具有借鉴意义。

我国古代传统的生态环境思想，为环境伦理观的更新提供了重要的思想资源。前国际环境伦理学会主席、美国学者罗尔斯顿的观点是很有代表性的。罗尔斯顿指出，东方传统文化思想对伦理学的理论突破有所帮助。他说："环境伦理学正在把西方伦理学带到一个突破口。……环

---

① 朱晓鹏．论西方现代生态伦理学的"东方转向" [J]．社会科学，2006（3）：43.

② 叶舒宪．20 世纪西方思想的"东方转向"问题 [J]．文艺理论与批评，2003（2）：22.

③ [美] 弗·卡普拉．现代物理学与东方之道 [M]．灌耕，译．成都：四川人民出版社，1983：239.

境伦理学对生命的尊重进一步提出是否有对非人类对象的责任。我们需要一种关于自然界的伦理学。它是和文化结合在一起的，甚至需要关于野生自然的伦理学。……在这方面似乎东方很有前途。"①

### 1. 儒家的"天人合一"生态思想

从流传至今的《周易》《论语》《孟子》等先秦儒家经典著作中，我们可以找到其中所蕴含的丰富的生态伦理思想，这些思想意识在中国几千年历史中产生过极为深远的影响，并对今天生态环境问题的解决及生态文明建设提供了有益的思想基础。

"天人合一"的整体性本体论思想，尊重自然、顺应自然的生态伦理思想，保障万物平等的生存权与合理利用的生态保护思想，以及顺应自然的环境管理思想，是先秦儒家生态思想和生态文化的主要内容。

（1）"天人合一"的人与自然整体性本体论思想

"天人合一"的和谐思想是先秦儒家生态思想的根本，也是贯穿儒家生态思想始终的主线。"天人之际，合而为一"的概念，虽然是由汉代董仲舒明确并完整提出的，但是天人合一的理论最初是孕育于《周易》及儒家孔、孟、荀的生态思想中，进而在老子、庄子的道家思想中得到发展完善。张岱年先生在《中国哲学大纲》一书中说，在东方民族的传统文化结构中，人与自然的关系问题，实际上"就是天人关系的问题"，"就是人在宇宙之位置的问题"，"也可以说便是人生践履之意义的问题"，即"人类生存道德问题"。② 对人与自然的关系这一问题，儒、道以天人合一作了最终的回答。"天人关系"是中国古代哲学一以贯之的主题，"天人合一"是古代哲学家关于人与自然关系的完美构想。季羡林先生曾说："我归纳东方文化的特点是天人合一"，并将"天人合一"解释为："天就是大自然，人就是人类；大自然与人类

---

① 邱仁宗. 国外自然科学哲学问题 [M]. 北京：中国社会科学出版社，1994：250.

② 张岱年. 中国哲学大纲 [M]. 北京：中国社会科学出版社，1982：27-31.

要和谐统一，不要成为敌人。"钱穆先生也曾说过：天人合一思想，是中国文化对人类最大的贡献。①

以孔孟为代表的"天人合一"思想在《周易》中得到较全面的阐发。《说卦传》曰："昔者圣人之作易也，将以顺性命之理。是以立天之道曰阴与阳；立地之道曰柔与刚；立人之道曰仁与义；兼三才而两之。"《周易》视天道、地道、人道为一体的"三才论"，集中体现着"天人合一"的思想主题。它强调人是宇宙万物中之一物，人类生活要服从自然界的普遍规律，这为儒家进一步研究天人关系奠定了基础。《荀子·天论》中，荀子在人和自然界协调一致基础上提出了"天人相分"理论，他的"天人相分"是以"天人合一"为最终归宿的。一方面，荀子强调天人的分别，"天行有常，不为尧存，不为桀亡。应之以治则吉，应之以乱则凶"。②"强本而节用，则天不能贫；养备而动时，则天不能病；循道而不贰，则天不能祸。故水旱不能使之饥，寒暑不能使之疾，妖怪不能使之凶"。③ 另一方面，他也不否认天人统一，承认人是天生的，人是自然界的一部分。"形具而神生，好恶喜怒哀乐臧焉，夫是之谓天情；耳目鼻口形能各有接而不相能也，夫是之谓天官；心居中虚以治五官，夫是之谓天君。"④ 他还强调："圣人清其天君，正其天官，备其天养，顺其天政，善其天行，以全其天功。"⑤ 人类要"顺天"，要尊重、顺应自然，这样才能"全其天功"。荀子天人合一的思想，可谓是天人相分与天人合一的统一。

儒家以人道体天道，提出"仁民爱物"，实现人与自然的和谐。儒家注重的是人道，天人关系就是从人道切入的，以人道体天道，将天道

---

① 王秀红，李思怡. 传承与融合：孟子生态思想在大学思政教育中的应用 [J]. 湖北成人教育学院学报，2016（5）：43.

② 《荀子·天论》

③ 《荀子·天论》

④ 《荀子·天论》

⑤ 《荀子·天论》

人化，以仁义思想为核心，强调人与自然的一体性，把人类社会的道德属性赋予自然界，提出"仁民爱物"的环境道德观，希望积极发挥人的主体能动性来实现人与自然的和谐。儒家认为人是自然界的一部分，因此人对自然应采取友善的态度，追求人与自然的和谐。孔子强调仁者爱人，"节用而爱人，使民以时"，① 孟子认为："君子之于物也，爱之而弗仁；于民也，仁之而弗亲。亲亲而仁民，仁民而爱物。"② 这是将仁爱的道德规范从"亲"推广到"民"，又延伸到"物"的领域，从而把珍惜万物提高到君子的道德职责的高度。

（2）尊重自然、顺应自然的生态伦理思想

先秦儒家生态伦理思想的主要内容是尊重自然、顺应自然。其内涵之一是反对盲目地干预自然和任意地破坏自然，认为人为地操纵自然界的变化，必然导致生态平衡的破坏。

尊重自然、顺应自然的涵义之二是尊重生命，爱惜万物。"天地之大德曰生。"③ 天地具有养育万物的德行。人类尊重自然、顺应自然的内涵之二就是要尊重生命。这里的生命不仅指人的生命，而且也指一切自然事物的生命。儒家的核心概念是"仁"。儒家主张人应该爱自己的亲人，施仁德于百姓，推而爱惜万物。儒家的仁爱虽有亲人、他人、万物的等级差别，但无疑也包含着对万物的关怀和爱护。为实现天人合一，孟子认为必须爱护生命、善待自然。先秦思想传统中对大自然充满了尊重，《周易·系辞下》曾有云："天地之大德曰生"，是说天地具有养育万物的德行。这里的生命不仅指人的生命，而且也指一切自然万物的生命。孟子"仁民而爱物"更是揭示了"功至于百姓"（仁民）要与"恩足以及禽兽"（爱物）相统一的思想。《孟子·梁惠王上》记载了孟子与齐宣王的一段对话："今恩足以及禽兽，而功不至于百姓者，独何与？"从侧面说明了尊重与爱护动物的生命，应该像对待人一样；

---

① 《论语·学而》

② 《孟子·尽心上》

③ 《周易．系辞下》

禽兽作为天地之一"物",应当被置于仁爱的范围内,受到尊重和关怀。由动物再推广开来,自然的万物都应该受到尊重,按照自然规律来生活与实践,不违背自然,是应有之义。只有这样,才可能达到天人合一的境界。

(3) 保障万物平等生存权利与对万物合理利用的生态保护思想

尊重自然,爱惜万物,不是主张不得利用自然万物。人并不是只能像动物那样,消极地适应自然。人还是有许多事情需要做和可以做的,有很大的发展空间。"天地人,万物之本也,天生之,地养之,人成之。"① 《周易·象传》说:"天地交泰,后以裁成天地之道,辅相天地之宜,以左右民。"人类可以发挥其主观能动性,以调节和利用自然,为人的生存和发展服务。只是这种调节和利用,要以保障万物平等的生存权利与对万物的合理利用为原则。"是故天下之事不可为也,因其自然而推之;万物之变不可究也,秉其要趣而归之。"②

儒家虽然"仁爱",但并不反对"杀生",而是主张合理利用。在他们看来,天之生人,必赋以资生之物。人有人的合乎自然的生存方式。这一生存方式不可避免地包含着对植物和动物的利用。"财(同裁)非其类,以养其类,夫是之谓天养。顺其类者谓之福,逆其类者谓之祸,夫是之谓天政。"③ 任何事物都不能脱离其他事物独立存在,自然界的事物是相互利用,彼此互为生存和发展条件的。虽然其中有"顺其类者",有"逆其类者",但这是自然界的正常状态。对万物的保护和利用的准绳要看是否"合乎自然"。合乎自然的活动就是恰当的,应该做的,反之则是不恰当的,不应该做的。

(4) 顺应自然的环境管理思想

在尊重自然、爱惜自然并主张合理利用自然的基础上,先秦儒家提出了一些对环境进行有效管理的思想。孔子提出对动物进行保护性的利

---

① 《春秋繁露·立元神》
② 《淮南子·原道训》
③ 《荀子·天论》

用，"钓而不纲，弋不射宿"，① "伐一木，杀一兽，不以其时，非孝也"。② 荀子说得更具体一些："草木荣华滋硕之时，则斧斤不入山林，不夭其生，不绝其长也；……鼋、鳝孕别之时，罔罟毒药不入泽，不夭其生，不绝其长也；春耕、夏耘、秋收、冬藏，四者不失时，故五谷不绝，而百姓有余食也；污池渊沼川泽，谨其时禁，故鱼鳖优多，而百姓有余用也；斩伐养长不失其时，故山林不童，而百姓有余材也。"③ 这里既有利用又有保护，并很好地回答了如何处理保护和利用的关系这个问题。

孟子在"爱物"基础上，提出"时养"思想。"时养"内涵之一是"时禁"，即按照自然规律办事，反对盲目地干预自然和任意地破坏自然，认为人为地操纵自然界的变化，必然导致生态平衡的破坏。他主张"不违农时"，让农民根据自然界的气候阴阳条件，从事正常的春耕、夏耘、秋收、冬藏等生产活动。"不违农时，谷不可胜食也；数罟不入檀池，鱼鳖不可胜食也；斧斤以时入山林，材木不可胜用。谷与鱼鳖不可胜食，材木不可胜用，是使民养生丧死无憾也。养生丧死无憾，王道之始也。"④ 孟子劝告人们耕种要按时，打鱼时用网眼比较大的织网以留下个体较小的鱼在水中继续生长；砍伐木材要根据季节，遵循自然的恢复规律。因为自然也有着自己恢复的期限，因此一定要顺应规律，不要试图去破坏。

"时养"内涵之二是"养护"，即要重视对自然资源的保护。"养护"是十分重要的，不仅要取用有度，而且要尽量减少人向自然界的索取，保持自然界原有的面貌，使自然界的万物繁育旺盛、和谐有序，维持良好的生态循环系统。山上草木"苟得其养，无物不长；苟失其

---

① 《论语·述而》
② 《孝经》
③ 《荀子·王制》
④ 《孟子·梁惠王上》

养，无物不消"。① 他举例说，"拱把之桐梓，人苟欲生之，皆知所以养之者"，"虽天下易生之物也，一日暴之，十日寒之，未有能生者也"，② 可见养护之重要性。

孟子还继承和发扬了孔子所提倡的节制之美德，要求人们"取之有度""用之有节"，爱物惜物，珍惜资源，慎用资源。例如，孟子的"仁政"学说反对"辟草莱，任土地"，③ 反映了他保护自然、反对滥用的思想。

### 2. 中国传统农业的可持续性思想

中国传统农业具有有机性与多样性。考古发掘显示，中国已经有7000多年的蚕桑和6000多年的稻作农业史；传统的小农家庭经营是中国农业文明史的承载者，这种小农家庭经营模式是有利于生态环保的有机生产，同时具有食品安全、环境维护和社会稳定等三大特征。改革开放以来被当做发展方向的以大规模推进化学农业、石油农业为标志的农业现代化，时间虽短却已经让我国农业变成了不可持续的农业，在农村造成了严重的生态和环境灾难，在城市造成严重的食品不安全。幸好这只不过是中华农业文明史中的短暂一瞬，而且我国已经意识到了这种农业发展模式所带来的严重后果，认识到在农村推进环保和开展农业生态修复的必要性和迫切性。

据文献记载，20世纪初，美国威斯康星大学教授富兰克林·希拉姆·金（Franklin Hiram King）曾经到亚洲考察中国、日本、韩国的农业和农村，他对4千多年来亚洲农民在同一块土地上反复耕作却没有消耗土地的肥力，也没有施用人工化肥感到惊奇。他称中国农业是可持续的农业，并充分认识到了学习和借鉴东方文明在保持土壤持续不断的生

---

① 《孟子·告子上》
② 《孟子·告子上》
③ 《孟子·离娄上》

产力方面的经验和技术的重要性。① 中国的传统农业还告诉他们人类需要通过努力来保持土壤肥沃和多产，保存稀有的资源，让世世代代过一种合理的舒适的、可持续的生活。

中国传统农业遵循人与自然的协调与统一。在农业生产实践中，遵照自然规律，针对农业生产特点来协调农作物与外界环境条件的关系，注重农业生态系统中光、热、水、气、土壤肥料与农作物生长发育之间的协调统一，"传统农业坚持以'农时'为核心进行总体把握"。② 按照"时节""时令"进行生产，使光、热、水、气、土壤等各要素因子的组合搭配达到最优化。此外，中国传统农业注重农作物与农作物之间的组合搭配，如采用合理的作物种类组合布局、轮作复种、间作套种、合理密植等措施进行综合协调，形成了许多有机生态农业模式，如浙江嘉湖地区的"农牧桑蚕鱼"系统、珠江三角洲的"桑基鱼塘"系统以及太湖水网地区放养"三水一萍"的生产经营模式。

中国传统农业注重生产"用养结合"，以保持地力常新。古人历来重视施肥和积肥，汉代开始逐步推广圈养猪，使得农家肥的数量和质量都得到较大提高。古人不仅使用自然粪肥，还开始人工造肥。到宋元时期，人们施用的肥料已达 60 余种。到明清时期，农家肥源已经超过 100 种，达到传统社会的顶峰。古人在合理施肥、增产肥田方面，总结出很多经验，特别推崇施肥要因土制宜、因时制宜以及因稼制宜的"三宜"施肥原则。中国传统农业还拥有许多栽培绿肥、轮作复种等各具特色的用地养地相结合的生产实践措施，做到既充分用地，又积极养地，使土地越种越肥沃。

由于中华民族的传统伦理思想在漫长的小农生产和生活方式的演进中逐渐生成，在乡村社会具有更加深远的影响。中国古代哲人在日常生

---

① F. H. King. *Farmers of forty Centuries* [M]. Rodale Press, Inc. 1911.

② 胡火金. 中国传统农业生态思想与农业持续发展 [J]. 中国农史, 2002 (4): 50.

活中都很推崇"天人合一"的自然观和宇宙观，重视人与自然环境关系的协调，认为人类与万物是平等的，人类要珍惜、爱护大自然，遵循生态规律。这些宝贵的传统思想虽是农业文明时代人与自然关系的智慧，但在今天依然具有重要的世界观和价值观意义。它能为新的环境伦理观的建立，提供独特的智慧和道德的资源。尤其是在农村，传统文化影响深远，而且受现代工业文化影响较小，传统思想和习俗保留的数量也比较多。

建立在人类与天地万物的同源性，生命本质的统一性，人类与自己生存环境的一体性的直觉意识基础之上的人与自然和谐共生的思想，是中国古代环境伦理传统的独特价值之一。① 另外，中国古代环境伦理传统还主张：人类与万物是相互平等的、相互依存的，人类要珍惜、爱护大自然，遵循大自然的生态规律等，它为我国新时代生态伦理的培育奠定了很好的传统文化基础。

**二、马克思主义生态思想是生态伦理更新的现实基础**

在解决人与自然之间的紧张关系和解决生态环境问题上，马克思主义生态伦理思想能够提供有效的理论支持。马克思主义生态伦理思想是我国生态文明建设的思想资源，也是生态伦理转变与更新的基础。

通过对马克思、恩格斯相关理论文本的研读，可以发现虽然他们没有直接提出"生态"的术语，但是他们对人与自然之间的关系进行了讨论，其中蕴含着极为丰富而深刻的生态思想。

1. 马克思的生态思想

马克思从人与自然的辩证关系出发，阐述了人是客观性与主观性的统一、自然的客观性与人的主观能动性的统一。

--------

① 余正荣. 中国生态伦理传统的诠释与重建 [M]. 北京：人民出版社，2002：239.

首先，马克思认为人是自然的存在物，人源于自然。他指出，"人作为自然的、肉体的、感性的、对象性的存在物，同动植物一样，是受动的、受制约的和受限制的存在物"。① 人的存在是"对象性的存在物进行对象性活动，如果它的本质规定中不包含对象性的东西，它就不进行对象性活动……而是它的对象性的产物仅仅证实了它的对象性活动，证实了它的活动是对象性的自然存在物的活动"。② 人和自然的关系就相当于自然与本身的关系，人是从自然中进化和发展而来的，自然先于人而存在。

人的生存与发展都依赖于自然，大自然为人的实践活动提供外在条件。自然为人的肉体生存提供了直接的生活资料，是人的无机的身体。"植物、动物、石头、空气、光……都是人的意识的一部分，是人的精神的无机界，是人必须事先进行加工以便享用和消化的精神食粮……它把整个自然界——首先作为人的直接的生活资料，其次作为人的生命活动的对象（材料）和工具——变成人的无机的身体。"③ 大自然为人类提供劳动的场地、工具、对象及劳动资料，使人类通过实践获得生存和发展。马克思从人类生产劳动的实践出发，解释了在人与自然的相互关系中自然对人类的价值。

其次，人类正是通过实践活动，实现了由"自在自然"向"人化自然"的转化，实现了人与自然的统一。"劳动首先是人和自然界之间的过程，是人以自身的活动来中介、调整和控制人和自然之间的物质变换的过程。"④ 一方面，人类通过劳动，满足自身生存与发展的需要，另一方面，人类也在改变和发展着自然。因此，人类在实践中应该遵循自然规律，实现人与自然的和谐。

马克思批判了资本主义生产方式对人与自然关系的割裂。在《资

---

① 马克思恩格斯文集（第一卷）［M］. 北京：人民出版社，2009：209.
② 马克思恩格斯文集（第一卷）［M］. 北京：人民出版社，2009：209.
③ 马克思恩格斯选集（第一卷）［M］. 北京：人民出版社，1995：45.
④ 马克思恩格斯选集（第二卷）［M］. 北京：人民出版社，1995：177.

本论》中，马克思深刻批判了资本主义大规模工业化生产对自然环境的破坏。生产剩余价值是资本主义生产的绝对规律，资本主义生产方式通过对自然物的不断扩大的掠夺去创造出更多的财富，这就必然造成自然资源的消耗和不可再生资源的枯竭，进而导致了大自然的满目疮痍。马克思曾经批判说英国的森林不是"真正的森林"。马克思还对资本主义农业生产进行了批判。他指出资本主义农业的发展损害了土地的持久肥力，"资本主义农业的任何进步……同时也是破坏土地肥力持久源泉的进步"。① 马克思还指出对排泄物的不持续利用直接导致了城市严重的水体污染。

最后，人与自然的和解是人类的未来。正如马克思在《1844 年经济学哲学手稿》中所说："这种共产主义，作为完成了的自然主义，等于人道主义，而作为完成了的人道主义，等于自然主义，它是人和自然界之间、人和人之间的矛盾的真正解决，是存在和本质、对象化和自我确证、自由和必然、个体和类之间的斗争的真正解决。"② 唯有实现共产主义，才能有效改变人与自然分裂甚至是对立的现状，真正实现人与自然的和解与共同发展。

### 2. 恩格斯的生态思想

恩格斯作为"第二小提琴手"，其生态思想是马克思主义生态思想的重要组成部分。人与自然的关系一直是恩格斯关注的焦点，其学说中蕴含三大生态思想：自然的报复、辩证的自然观及资本主义批判。③ 恩格斯从唯物主义的观点出发，辩证地看待自然。

首先，恩格斯认为自然是生产要素之一。恩格斯在《政治经济学

---

① 马克思恩格斯全集（第二十三卷）[M]. 北京：人民出版社，1972：552-553.

② 马克思恩格斯全集（第四十二卷）[M]. 北京：人民出版社，1979：120.

③ 黄瑞祺，黄之栋. 恩格斯思想的生态轨迹 [J]. 鄱阳湖学刊，2010（2）：30-44.

批判大纲》中对生产进行了分析，指出"在生产中有两个活动的要素，也就是自然和人"。其后，恩格斯在《自然辩证法》写道："政治经济学家说：劳动是一切财富的源泉。其实，劳动和自然界在一起才是一切财富的源泉，自然界为劳动提供材料，劳动把材料转变为财富。"① 从这里可以看出恩格斯把自然当做财富的源泉之一，这提醒人们如果我们再对提供原物料的自然进行破坏，人是不可能拥有财富的。

其次，恩格斯以辩证法为基础科学揭示了作为生命体的人是自然界长期演变的产物，深刻阐述了自然界与人之间相互作用的辩证统一关系。恩格斯认为，自然、人、社会是普遍联系和相互作用的，"当我们通过思维来考察自然界或人类历史或我们自己的精神活动的时候，首先呈现在我们眼前的，是一幅由种种联系和相互作用无穷无尽地交织起来的画面"，② "只有人能够做到给自然界打上自己的印记。因为他们不仅迁移动植物，而且也改变了他们的居住地的面貌、气候，甚至还改变了动植物本身，以致他们活动的结果只能和地球的普遍灭亡一起消失"，③ "整个自然界，从最小的东西到最大的东西，从沙粒到太阳，从原生生物到人，都处于永恒的产生和消逝中，处于不断的流动中，处于不息的运动和变化中"。④ 所以，自然界是个相互影响相互制约的普遍联系的整体，而人与自然也是一个普遍联系的有机整体。

恩格斯对人类在对待自然时所展现的支配关系，提出了严正的警告，即如果人类无视自然规律，过度掠夺自然，必将遭到自然的"报复"。恩格斯借由历史的实例分析了自然对人的反扑：美索不达米亚、希腊、小亚细亚以及其他各地的居民，为了想得到耕地把森林都砍完了，但是他们却梦想不到这些地方今天竟因此成为荒芜不毛之地，因为他们把森林砍完之后，水分积聚和贮存的中心也不存在了。阿尔卑斯山

---

① 马克思恩格斯文集（第九卷）[M]. 北京：人民出版社，2009：550.
② 马克思恩格斯文集（第三卷）[M]. 北京：人民出版社，2009：538.
③ 马克思恩格斯文集（第九卷）[M]. 北京：人民出版社，2009：421.
④ 马克思恩格斯文集（第九卷）[M]. 北京：人民出版社，2009：418.

的意大利人，因为要十分细心地培养该山北坡上的松林，而把南坡上的森林都砍光了，他们预料不到因此却把他们区域里的高山牧畜业的基础给摧毁了；他们更预料不到这样就使山泉在一年中大部分时间都枯竭了，而且在雨季又使洪水倾泻到盆地上去。以史为鉴，"因此我们必须时时记住：我们统治自然界，决不像征服者统治异民族一样，决不像站在自然界以外的人一样——相反地，我们连同我们的肉、血和头脑都是属于自然界，存在于自然界的，我们对自然界的整个统治，是在于我们比其他一切动物强，能够认识和正确运用自然规律"。① 因此，人类要想持续获得物质财富以维持生存和发展，就必须在正确认识和运用自然规律的基础上改造自然。

最后，恩格斯对资本主义生产方式所导致的环境污染和生态破坏进行了批判。恩格斯关注到城市的空气污染以及河流污染问题，他说：曼彻斯特周围的城市……是一些纯粹的工业城市……到处都弥漫着煤烟，而波尔顿"是这些城市中最坏的了……一条黑水流过这个城市，很难说这是一条小河还是一长列臭水洼。这条黑水把本来就很不清洁的空气弄得更加污浊不堪。"② 在《英国工人阶级状况》中恩格斯详细考察了当时泰晤士河、柯德洛克河和艾尔维尔河等被严重污染的情况。当时英国一切流经工业城市的河流流入城市的时候是清澈见底的，而在城市另一端流出的时候却又黑又臭，被各色各样的脏东西弄得污浊不堪。这是因为早期资本主义社会城市工业废水和生活污水在未经任何处理的情况下就直接排进河流，从而导致水资源的严重污染。恩格斯曾经深刻指出，"文明是一个对抗的过程"，它使"森林荒芜，使土壤不能产生其最初的产品，并使气候恶化"。③ 恩格斯还谈到地力耗损、森林消失、气候改变、江河淤浅等等自然资源遭到破坏的问题。

---

① 马克思恩格斯全集（第二十卷）[M]. 北京：人民出版社，1971：519.
② 马克思恩格斯全集（第二卷）[M]. 北京：人民出版社，1957：323-324.
③ 马克思恩格斯文集（第十卷）[M]. 北京：人民出版社，2009：286.

### 三、现代西方整体主义生态伦理思想为我国生态伦理的培育提供了有益的借鉴

生态文明是一种后工业的文明形态，是对工业文明的超越和扬弃。同样，与生态文明相适应的哲学思想和环境伦理观是在对工业时代人与自然关系反思基础上形成的，是对工业时代环境伦理思想的扬弃。现代西方环境伦理学是在反思生态危机和现代文明中产生的，对中国环境伦理观的更新具有重要的借鉴价值。

西方环境伦理学的许多流派，提出了要重新思考人与自然之间的关系，并提出新的伦理要求。被称为"非人类中心主义"派别的学者们对人类中心主义的价值观和功利主义思想进行了深刻的反思，在此基础上，提倡把人类的道德关怀从人际扩展到所有生物乃至整个生态领域，从而为环境危机的解决提供新的价值导向及理论指导。而"现代人类中心主义"派别的学者们相对比较温和，他们反对人类对自然环境的破坏，认为人类有义务去保护环境以使人与自然协调发展；认为保护环境问题归根结底是调整人们的行为模式，改变人与人之间的利益关系问题。

20世纪六七十年代，生态伦理学开始在西方国家备受关注。但在18世纪甚至更早，西方就有非人类中心主义的生态思想。美国学者卡普拉曾说过："深刻的生态学的哲学和宗教框架并不完全是新的东西，在人类历史上曾被提出多次。"① 现代西方文化是以人类为中心建立起来的。在西方，人类中心主义思想源远流长。自古希腊时期开始，经过中世纪的低潮，人类中心主义在近代经笛卡儿和康德等的传播而发展成为牢固的观念并深深扎根于西方文化之中。可以说，人类中心主义是整个西方文化传统的核心。当然，文化的内部是存在差异性的，西方文化

---

① 弗·卡普拉. 转折点 [M]. 卫飒英，李四南，译. 成都：四川科学技术出版社，1988：445.

中也存在着非人类中心主义的因子。在生态伦理学兴起之前，已经有很多学者对人类近代以来所形成的世界观、自然观、价值观进行了反思，如梭罗、缪尔、施韦策、海德格尔、利奥波德等人。这些生态哲学的探索，体现了一种非人类中心主义的倾向，这给生态伦理学思想的产生提供了肥沃的土壤。

### 1. 整体主义生态伦理思想

（1）西方整体主义生态伦理思想的传承

作为有机体主义者的斯宾诺莎（B. Spinoza），被认为是当代整体主义生态伦理学的先驱。他最早提出生态意识和生态伦理思想。在斯宾诺莎眼中，世界上唯一的、无限的实体是自然/上帝，人、动物、植物以及其他所有的个体，都不过是自然/上帝/实体的永恒流变的暂时表现。在斯宾诺莎看来，每一个事物都是一个全体的一部分，每一事物与全体之间在本性上具有内在的一致性；从另外一方面看，每一个事物由于彼此的不同都会在我们的心灵中形成关于这一事物本身的不同观念，而在这里，每一个事物都会被看做全体而不是部分。整个宇宙是由相互联系的部分所组成的一个整体，并处于不断变化之中。"一切都是以某种确定的方式彼此相互规定而存在运行。就是说，在整个宇宙中运动和静止的同一比例总是保持着。由此得出：①每一个物体，作为此时此地存在的一个特殊事物，都是整个宇宙的部分，是与整个宇宙一致的，与整个宇宙的所有部分联合在一起；②因为宇宙的本性不像血液那样是有限的，而是绝对无限的，所以宇宙各个部分的变化（这足以表明宇宙的无限（本性或）力量），必定是无限的。"① 斯宾诺莎认为实体在本质上是完整的，有形实体的每一部分均属于整个实体。如果部分脱离开实体，那么它就既不能存在同时也不能被理解。斯宾诺莎对自然的认识和

---

① 罗斯. 斯宾诺莎［M］. 谭鑫田，傅有德，译. 济南：山东人民出版社，1992：88-89.

理解深深影响了深层生态学者奈斯。奈斯相信每一事物都与其他事物处于相互联系中，世界就是一个充满因果关系的巨大的网络。"就如荒野生态学家所设想的那样，大自然并不如机械论科学所说的是被动的、僵死的和价值中立的，相反，它如斯宾诺莎所说的那样是积极的和完美的。大自然包罗万象，具有创造性（作为能动的自然）和无限多样性，并有泛灵论的倾向。自然表现出自己的结构即自然规律，但是，因为'所有事物是相互联系在一起的'，我们不能对自己特定行动与政策的长远影响进行预测。这与斯宾诺莎所警告的'我们不能完全理解自然的共同秩序'是一致的。"①

斯宾诺莎认为一切事物都处在相互联系的统一的整体之中，人只是自然的一部分，我们所体验到的精神和物质，只是同一个实体的不同方面或特性，不是两种相互分离的实在。斯宾诺莎认为人体以及人的心灵，都是宇宙的一部分。"我主张在自然中存在着无限的力量，它作为无限的力量在自身内从观念上包含整个自然，它的思想与它的对象即自然本身以同样的方式行动。我并且主张人的心灵也是这种相同的力量（不是作为无限的和知觉整个自然），是作为有限的力量，即就它仅仅知觉人身而言的。正是在这个意义上，我把人的心灵看作无限理智的一部分。"② 在斯宾诺莎看来，每一个存在都在努力保持和发展其独特的本质或性质，每一个本质都是上帝或自然的表现。自然界表达自己的方式是无限的，而各种存在也以无限的方式表达着自然或上帝。因此，在斯宾诺莎眼中所有的存在都是平等的。

由此可以看出，斯宾诺莎把神、自然、上帝看成是一体的，所有特殊的事物都是上帝的表现，它们没有等级差别，因此在所有的事物中，

---

① Naess A. *Spinoza and Attitudes Toward Nature. In Glasser & Alan Drengson ed. The Selected Works of Arne Naess*, Volume X（*Deep Ecology of Wisdom*）[M]. Netherlands：Springer Press，2005：386.

② 罗斯. 斯宾诺莎 [M]. 谭鑫田，傅有德，译. 济南：山东人民出版社，1992：88-89.

人也并不比其他存在物更高级。斯宾诺莎把自然提高到了神的地位的观点，体现出了浓厚的宗教色彩。

19世纪美国的亨利·大卫·梭罗（Henry David Thoreau，1817—1862）是超验主义者，梭罗认为存在着一种"超灵"（Oversoul）或神圣的道德力，它渗透于大自然的每一事物中。人们可以通过直觉来超越物质表象并进而领悟到那个将世界融为一个整体的"宇宙存在之流"。在梭罗看来我们脚下的地球是个拥有某种精神的身体。作为"田野里的浪漫主义学者"，梭罗的生态思想在他的传世名作《瓦尔登湖》中得到了集中体现。梭罗曾说过在荒野中保留着一个世界。在荒野中，他感受到了自然的生命和活力，"我刚才几乎已经和万物的本体化为一体"。① 奈斯谈到唤起人的生态意识的时候曾经将这一体验描述为是一种越来越深刻地意识到狼、树木、岩石、潮流等自然存在物的存在并与之认同的过程。梭罗的"以自然观察自然"，与大自然保持亲密接触的主张，成为培养深层生态意识的重要方法。"以自然观察自然"的思想也成为深层生态学批评现代自然资源研究与管理模式的一种依据。

在梭罗的影响下，美国的约翰·缪尔（1838—1914）把他的一生都献给了自然。在缪尔看来尊重大自然的基础是承认大自然也是由上帝创造的包括人在内的共同体的一部分。上帝渗透于环境中而无处不在，动物、植物甚至石头和水，它们都是圣灵的显现。作为一位非功利主义的自然保护主义者（preservationist），缪尔确信自然是人的精神源泉，如果一个人要想身心健全，那么他就必须不断地与自然保持亲密接触。因为只有在自然中，一个人才能真正地恢复自我。缪尔在1892年发起成立了"塞拉俱乐部"，这是美国第一个民间的生态保护组织，这个俱乐部的宗旨是保护内华达山的森林和其他景观。缪尔因其自然保护主义思想而被人们称为美国的道家。缪尔因证明了正在消失的荒野的价值，而

---

① 亨利·大卫·梭罗. 瓦尔登湖［M］. 徐迟，译. 长春：吉林人民出版社，1997：211.

成为同代人的英雄。

到了 20 世纪，利奥波德提出了"大地伦理"主张。他在《沙乡年鉴》（1949 年）一书结尾部分用 25 页对自己的"大地伦理"思想进行了阐述；正是这短短的 25 页的内容，为他赢得了巨大的声誉。利奥波德以尊重生命和自然界为前提，呼吁建立"大地伦理"这一更广泛意义上的全球化的生态伦理。利奥波德认为如果一件事情对于保护生命共同体的稳定、和谐和美丽是有帮助的，那么它就是正确的。因此，利奥波德的伦理思想被称为是"生物中心论的或整体主义的伦理学的最重要的思想源泉"。①

（2）奈斯深层生态学的整体主义生态伦理思想

奈斯持有的是整体主义的实在观与自然观。在奈斯看来，世界是由有机体和无机体所构成的相互联系的一个有机系统，这一系统内的任何要素只有在它与其他要素发生相互联系时才能够真正存在。整体的存在与性质是第一位的，而部分或个别都只是动态整体中的一部分。奈斯把世界看做一个相互关联、相互制约的"网络"，一个连续的交易过程。他认为人与自然之间的关系是非线性的、动态的，人类与非人类利益之间应该处于动态平衡中。客观世界不存在严格的本体论划分，即客观世界不应该被分为相互独立的主体与客体，作为一个整体的世界是由人类世界与非人类世界以及它们之间的关系组成的。所以，在本体论上，奈斯认为一切实在都是动态的、易变的、整体的、相互关联的和相互依赖的。这种观点明显与近代流行的主客二分、部分决定整体的机械论世界观不同。

奈斯在谈到自己的本体论时，经常用到"总体观念"（total view）这一概念。奈斯认为深层生态学有两种成分是不可回避的，一是对我们所经历和思考的实在进行评价和感受，二是这种评价和感受是怎样把人

① 纳什. 大自然的权利：环境伦理学史 [M]. 杨通进，译. 青岛：青岛出版社，1999：85.

的个性和以总体观念为基础的人的行动相结合，是如何使人变得成熟的。实际上，这里所说的"总体观念"是一种世界观。这种世界观是人们对世界的总的看法和根本观点以及人们对自己在世界中位置的认识，是人们理解世界的一种方式。这种对世界的理解集感性和理性于一体，换句话说它把评价、情感、体验和承诺等诸多感性要素与理性、科学地理解世界的方式结合在一起。这种集多种要素于一体的认识方式有助于加深人们对实在世界的理解，所以这种关于世界或实在的综合的"总体观念"才是更加真实的。可以说，深层生态学的"总体观念"本质上是一种对实在的规范描述，是人们融合了个人价值和经验在内的对世界的科学理解。浅层环境主义的局限之一就表现在"总体观念"上，它缺乏对非人类存在和大自然价值及利益的关心，进而导致缺乏相应的道德关怀。

奈斯的这种整体主义实在观和自然观，被有些深层生态学者称为是一种对于人与自然关系的新的哲学范式。伴随着奈斯深层生态学的出现，与机械论范式截然不同的生态学范式开始影响西方社会。

以奈斯深层生态学为代表的西方新文化运动，标志着一种新范式的出现。这种具有创造性的新范式，"可以被称为一种整体论世界观，它强调整体而非部分。它也可以被称为一种生态世界观"。新的生态整体主义的世界观认为：首先，所有现象之间都存在着相互联系相互依赖的关系；其次，从根本上讲，现实和宇宙是运动的。生态世界观认为世界是一个有生命的系统，系统内各个要素是相互联系的，系统的整体和部分之间的区别是相对的，联系才是基本的。整体的性质是首要的，部分的性质是次要的；事物的基本过程表现为结构，结构和过程是互补关系。这就将笛卡儿机械主义世界观中整体与部分的关系颠倒过来了。

2. 万物平等的思想

（1）西方万物平等思想的传承

尽管支配的思想在西方文化中处于主流地位，但是万物平等的思想也源远流长并一直在发展着。从古希腊、古罗马时期到中世纪是神支配世界的"以神为中心"时期，文艺复兴以后是"以人为中心"的人对自然的支配时期。随着近代科学的发展和理性的高扬，人类中心主义逐渐形成并居于统治地位。其实，自古希腊以来，人类文明进程的支配性力量就一直是人类中心主义价值观。在支配思想下，自然处于被支配地位。然而，西方文化中也始终存在着与"人支配自然"相对立的观念，从古希腊、古罗马的自然法思想到近现代的共同体主义及动物权利论，从苏格拉底时期永恒哲学中的泛神论到近代有机体主义，都显示了这种思想的存在。

古希腊和古罗马的哲学家曾拥有一种明确的自然法思想。他们认识到人是一种先于政府或其他文明秩序的存在，人在秩序之前。这种原始的自然状态所依据的原则是存在以及生存的某些生物学意义上的规则。这种原则被称为"自然法"，它是与人类建立的"社会法"相对应的。显而易见，人是与动物及其他存在物共处于同一个世界之中。那么，在时间之流中，人与动物该如何相处呢？3世纪罗马的法学家乌尔比安（Ulpian）认为大自然传授给包括人在内的所有动物以生存的法则，这种法则属于所有的动物，而不是为人类所独有的。因此，在乌尔比安看来，动物是自然状态的组成部分，动物法是自然法的一部分。乌尔比安把动物纳入公正考虑的范围的观念性前提是，作为一个整体的大自然的秩序应当受到人类的尊重。

自基督教出现以后，大自然就一直没有得到公正的对待。基督教教义中人类中心主义的观念是根深蒂固的。西方社会多数人相信大自然是没有任何权利的，而所有的非人类存在物都是为了人类而存在的，大自然仅具有工具价值。笛卡儿就坚信人类是"大自然的主人和拥有者"，非人类世界成为了"事物"。不过，基督教内部也有些思想家挑战了基督教的人类中心主义观念。这些人的思想成为奈斯深层生态学的一些重要思想的主要来源之一，如整体主义和生态中心主义平等思想就与奈斯的思想有很大的关联。

被美国历史学家林恩·怀特称为"西方历史中最伟大的精神革命者"的圣方济各（1181—1226）就是基督教神学领域中倡导整体主义平等思想的先驱人物。圣方济各深信，所有的上帝创造物都显现着上帝的荣耀，都是平等的，太阳、月亮、风、水和小鸟等都是我们的兄弟姐妹，人类应当尊重它们并对它们充满爱心。圣方济各思想中不包含任何等级意识，他成为动物以及自然环境的守护圣人。"在基督教历史中，这种思维方式是前无古人的。过了七个世纪，宗教领袖们才意识到可以把圣方济各对大自然的态度作为环境道德的起点。"①

在以人类中心论和二元论为主流的17—18世纪西方思想中，人们可以发现一个微弱但却绵延不绝的革命性的观念，那就是认为世界并不仅仅是为了人类而存在的这一观念。很多思想家以宗教语言来表达大自然中的所有存在物都是因上帝而存在，上帝对所有存在物的关爱是相差无几的这样的想法。万物有灵论（或有机体主义）是这种观念的重要来源之一。这些哲学家相信："有一种相同的、绵延不绝的力弥漫在所有的存在物中，而组成这个世界的所有存在物实际上是一个巨大的有机体。"② 作为一个万物有灵者，英国的亨利·莫尔（H. More，1614—1687）就认为有一种"世界灵魂或自然精神"在大自然的每一个部分中都有所显现。宇宙万物就是被这种神秘的力量紧密地结合在一起的。斯宾诺莎也被认为是有机体主义者，他认为包括枫树、人、狼、岩石以及星星在内的所有存在物，这些存在物都是上帝创造的物质存在的暂时表现。这种有机体主义思想在后来的欧洲发展出了动物慈善论及将动物纳入伦理共同体的观点。

圣方济各的万物平等观念深刻地影响了法国人道主义者阿尔贝特·施韦泽（A. Schweitzer，1875—1965）。在对人类的伦理价值反思后，施

---

① 纳什. 大自然的权利：环境伦理学史［M］. 杨通进，译. 青岛：青岛出版社，1999：112.

② 纳什. 大自然的权利：环境伦理学史［M］. 杨通进，译. 青岛：青岛出版社，1999：21.

韦泽提出人类必须将狭隘的道德视野进行扩展，人和动物的关系也应该被纳入伦理学的范畴中来。因此，施韦泽从基督教和人道主义立场出发，在1915年提出了"敬畏生命"的伦理学原则，把是否敬畏生命作为判断人的行为善恶的价值准绳，进而认为"善"就是保持并促进生命，"善"能够使生命实现其最高的价值。"恶"则是毁灭和伤害生命，或者是压制生命的发展。

（2）奈斯深层生态学的万物平等及自我实现

卡逊在《寂静的春天》中普及了这样一种观念，即把所有形式的生命甚至作为整体的生态系统纳入人类的道德共同体中是正确的；反之，把生命当做一种可以随意消耗和利用的物品来对待是错误的。利奥波德在20世纪40年代曾阐述过这一思想，20年后的60年代，卡逊使这一思想获得了前所未有的关注。

正是因为卡逊《寂静的春天》以及其"对浅层生态运动的前提进行了深层质疑"，从而引发了奈斯的深层生态学思考。正是沿着施韦策、利奥波德以及卡逊这些人所展示出的自然图景，奈斯深入地追问了下去。

奈斯的深层生态学伦理可归为两个最终准则：自我实现与生态中心主义平等。面对日益严重的生态危机，人类要想继续生存下去就必须有所作为，而首当其冲的就是必须找到危机产生的根源。很多学者把生态问题的产生看成是社会发展进程中某个或某些因素如人口、经济、技术导致的。但是，是何种原因导致这些因素在生态上的失败呢？这一追问引导我们更深层次地领悟生态问题产生的根源。那么，生态问题产生的最深层次的原因是什么呢？奈斯认为，要想正确地回答这一问题，我们必须深入考察主导着人类文明进步的核心力量——价值观，必须认真思考该如何看待自然本身的价值。在如何看待人与自然的关系上学界存在着人类中心主义与生态中心主义的分歧。1973年，为了和人类中心主义的"浅层生态学"及"浅层生态运动"相区隔，奈斯提出了"深层生态学"和"深层生态运动"。在"浅层生态学"针对环境污染和资源耗竭问题的基础上，奈斯将生态问题进一步指向它的价值观根源——"浅层生态学"的价值观基础，也就是人类中心主义。"它（深层生态学——引者注）拒斥与环境相分离的人之形象，赞同人同环境相联系的、整体的形象。"① 奈斯认为，生物圈乃至宇宙是一个生态系统，人只是相互联系、相互作用的生态系统的一小部分。基于这一认识，奈斯认为我们要改变传统的对待环境的行为方式，就必须突破西方传统的自我观，把自我放在一个更大的范围中去理解。因此他提出"生态自我"这一概念，并围绕这一概念构建其生态思想体系。

什么是"生态自我"？"也许这是第一次，我试图引入生态自我这一概念。从自我的产生开始，我们就是在自然中的，是属于自然的。虽然社会和人际关系重要，但是，在构成性关系方面，我们的自我更加丰富。这些关系不限于我们和其他人及人类社区的关系。"② 奈斯认为自我的构成非常丰富，它应该超越社会自我的层面向自然延伸，使自然成为自我的一部分。在他看来，生物有机体是生物圈网络或者内在联系场中的节点，人只是生物圈这一系统中的一部分。人类的自我一开始是在自然中形成与发展的，是与自然紧密相关的，因此自我应该是一个生态的自我。

与"自我实现"密切相关的"生态中心主义平等"，是奈斯深层生态学的另一个最高原则，它来源于奈斯"原则上的生物圈平等主义"这一论断。"在深层生态运动里，我们是生物中心主义或生态中心主义，对我们而言，整个星球、生态圈、盖亚是一个统一体，每个生命存在物都有内在价值。"③ 在奈斯看来，大自然的生态系统是一个由各种

① Naess A. The Shallow and the deep, long-range ecology movement: A summary [J]. *Inquiry*, 1973 (16).

② Naess A. *Self realization: an ecological approach to being in the word. In Alan Drengson & Bill Devall ed. Ecology of Wisdom* [M]. Berkeley: Counterpiont Press, 2010: 82.

③ Naess A. *The Basics of Deep Ecology. In Alan Drengson & Bill Devall ed. Ecology of Wisdom* [M]. Berkeley: Counterpiont Press, 2010: 18.

生命所组成的有生命的整体，这一系统中的大地、河流以及山川等所有存在物都是有生命的。它意味着生物圈中的所有生物及实体，它们作为与整体相关的部分都具有平等的内在价值。

在奈斯看来，生物圈所有生物是平等的这一点无须逻辑证明，它是可以被直觉感受到的。"对于生态工作者来说，生存与发展的平等权利是一种在直觉上明晰的价值公理。它所限制的是对人类自身生活质量有害的人类中心主义。人类的生活质量部分依赖于从与其他生命形式密切合作中所获得的深层次的愉悦和满足。那种忽视我们的依赖并建立主仆关系的企图促使人自身走向异化。"① 这种直觉来源于对生态学的深刻认识。正如奈斯所说的那样，这一深层生态学的直觉并不缺乏理性基础，而是这种直觉的说明需要涉及一些其他的因素。奈斯认为，具有物种多样性的生态系统显然具有更大的丰富性和稳定性。从此种意义上说，生态系统中的一切存在物都有助于系统的丰富性和多样性，从而有助于生态系统的稳定和健康发展。所以，所有的存在物对生态系统都是有价值的。人不过是众多物种中的一个，不是凌驾于其他物种之上的贵族和主人，人在自然生态系统中并无优于其他存在物的天赋特权。深层生态学所说的平等是生态系统所赋予的所有存在物在权利和利益上的平等。在奈斯看来大地伦理充分表达了这种生态平等主义的直觉。

那么我们的结论是，生态中心主义平等是指生物圈中的一切存在物都有生存、繁衍和充分体现个体自身以及实现自我的权利。奈斯深层生态学所倡导和主张的平等，是生态中心意义上的平等，是把平等的范围扩大到整个生物圈的彻底的平等。

奈斯的生态思想是西方非人类中心主义思想的代表之一，他所倡导的整体主义具有后现代主义的特征。就如他自己言道自己的理论是"面向 22 世纪的"那样，他的思想是超越了时代的。尽管可能现在他

---

① Naess A. The Shallow and the deep, long-range ecology movement: A summary [J]. *Inquiry*, 1973 (16).

的思想不能得到人们的理解和认可，但是这种具有后现代特征的思想为未来人类社会实现人与自然的和谐发展提供了理论依据。

# 本 章 小 结

当前，我国乡村生态环境现状已经严重不能满足农民日益增长的对优美生态环境的需要，也制约着我国生态文明建设。这为我国乡村生态伦理的更新与发展提供了现实依据。

我国已经进入社会主义新时代，新时代必然要求道德上的更新，要求形成与生态文明社会和生态制度相匹配的生态伦理。中国传统文化中的生态思想、马克思主义生态思想以及现代西方环境伦理思想，为我国生态伦理的发展提供了丰富的精神资源。我国儒家的"天人合一"生态思想，中国传统农业的可持续性思想，这些都是我国生态伦理更新可资借鉴的资源。在解决人与自然之间的紧张关系和解决生态环境问题上，马克思和恩格斯的生态伦理思想都能够提供有效的理论支持。可以说，马克思主义生态伦理思想是我国生态文明建设的思想资源，也是生态伦理转变与更新的基础。现代西方环境伦理思想为新型环境伦理观提供了有益的借鉴，尤其是其中的整体主义和万物平等思想，可以为新时代我国生态伦理培育提供有益借鉴。

# 第五章　制度维度：生态伦理
# 制度化的选择

乡村生态环境问题，主要是由农民生产生活行为导致的，而农民的生产生活行为，又是由观念决定的。农民环境意识的不足，生态伦理的缺乏是农村生态环境问题产生的深层次原因。因此，要培育与社会主义生态文明相适应的生态伦理。不仅如此，要想使生态伦理的导向和约束功能落到实处，必须将生态伦理制度化。本章将讨论生态伦理制度化的必要性及其原则、限度等问题。

## 第一节　生态伦理制度化的必要性

20 世纪 80 年代，针对当时社会道德恶化的状况，社会各界认为加强道德建设迫在眉睫，许多学者也积极探索新时期道德建设方法。道德制度化或伦理制度化方策一经提出，便得到多数学者的赞同。其后，我国也进行了相应的实践。而当中国跨入 21 世纪，针对生态环境恶化的现状以及生态文明建设的要求，本文认为生态伦理的制度化也是必然选择。

### 一、伦理制度化

伦理与道德在词源学意义上是相通的，但二者侧重点不同。道德侧重于个人方面，是根源于道德主体善良本性的内在要求；而伦理则侧重于社会方面，是道德主体的实践和客观关系。"伦理"的"伦"即人伦，指人与人之间的关系；"理"即道理、规则。"伦理"就是人们处理相互关系应遵循的道理和规则，是处理人与人之间关系所应遵循的正当之理。现实社会生活中存在着诸如生产劳动中的关系、亲属关系、同志关系等人与人之间的各种社会关系，由此就可能派生出种种矛盾和问题，因此，就必然需要有一定的道理、规则或规范对人们的行为加以约束，对人们相互之间的关系进行调整。而道德就是调整人们相互关系的行为规范的总和。伦理道德为人们的社会生活提供精神支持，它是人们为人处世的底线。

传统观点认为伦理道德专属于人文世界的范围，非人类生物及自然界用不上这一概念。而现代生态伦理学将这一概念的使用扩展到了整个自然界及其物种，认为人与其他非人类物种间存在道德关系。利奥波德曾经说过，最初的伦理观念是处理人与人之间的关系的，后来所增添的内容则是处理个人和社会的关系的。然而，还没有一种处理个人与土地以及人与在土地上生长的动植物之间关系的伦理，人与土地之间的关系仍是以经济为基础，人们只需要特权而无需尽任何义务。为此，利奥波德推论，"伦理若向人类环境中的这种第三因素延伸，就会成为一种进化中的可能性和生态上的必要性。按顺序讲，这是第三步骤，前两步已经被实行了。环境保护运动就是社会确认自己信念的萌芽"。利奥波德所提出的土地伦理则是将这个共同体的界限扩大到土壤、水、植物和动物。土地伦理是要把人类在共同体中以征服者的面目出现的角色，变成这个共同体中的平等的一员和公民。它暗含着对每个成员的尊敬，也包括对这个共同体本身的尊敬。现代环境伦理学家 R. F. 纳什在《大自然的权利：环境伦理学史》中论述该书的意图时写道："在道德中，应当包括人类与自然之间的关系。"① 他指出，伦理学应当从认为它是人类

---

① 纳什. 大自然的权利：环境伦理学史［M］. 杨通进，译. 青岛：青岛出版社，1999：2.

（或者人类之神）的专有物这样的思想中转换出来，将其关心的对象扩大到动物、植物、岩石，进而扩大到一般的"自然"或者"环境"。

道德制度化和伦理制度化一般是在同等意义上使用的。伦理是人们处理相互关系应遵循的道理，制度是要求大家共同遵守的办事规程和行为准则。制度包含两层含义：一是指要求大家共同遵守的办事规程和行动准则；二是指在一定历史条件下形成的有关政治、经济、文化等方面的体系。对于伦理制度化的内涵，存在不同的理解。"伦理制度化就是将社会道德生活中部分人伦关系和道德活动方式明文化、正规化、法律化，以规范社会成员的行为，整肃社会风俗。"① 一个社会的主流伦理道德，往往是被社会成员普遍认可的，人们日常生活的大部分内容都受其制约。伦理既可以以观念形式存在于主体的内心，也可以以规章、守则、公约、须知、誓词、保证等文字形式表达出来。这种形之于外的伦理表达，就是伦理的制度化。除了这种将伦理转化为非强制性的制度外，还有一种伦理制度化的形式——将伦理上升为具有强制性的法律，以法律制度的形式强制推行某些伦理道德。赋予伦理道德以法律强制约束力，被一致认为是伦理制度化的基本内涵。所以，有学者将伦理制度化定义为："伦理的制度化就是将原来在社会民众中自由表达、自愿遵守、自我约束的伦理要求，通过明文规定创制制度，借助制度的强制性，转换成社会主体对其一致遵守的硬性约束规则。它的核心在于借助制度督促、监督的强制力量推行社会道德。"② 简言之，从宽泛的意义上讲，伦理制度化包括将内在的伦理观念外化为规章制度等文字形式，赋予伦理道德以社会制度的强制约束力；从狭义角度看，伦理制度化是指将伦理要求上升为法律制度。

制度与道德是两种不同种类的社会规范，前者属于政治上层建筑，

---

① 张钦. 道德制度化和伦理制度化质疑 [J]. 社会科学论坛，2001（10）：41.

② 王国聘，李亮. 论环境伦理制度化的依据、路径与限度 [J]. 社会科学辑刊，2012（4）：17.

后者属于思想上层建筑。虽然属于上层建筑中的不同种类，但是二者是相互影响、相辅相成的。伦理和法律制度，作为两种主要社会控制模式，其目的是通过这两种手段的应用建立起合理有效的社会秩序。伦理与制度间存在密切的联系，将民众一致认可的伦理要求以制度化的形式加以固定和推行，也就是说将伦理转化为制度，也是人类社会发展过程中的一个常态。

伦理制度化可以为道德建设提供一种制度安排的伦理环境，给人们提供道德价值的具体指向，从而促使主体做出合乎伦理的道德选择，构建起现实的道德人格。伦理制度化对社会秩序调控的积极意义体现在如下几个方面：

首先，伦理制度化具有导向功能。个人的道德行为选择往往带有较大的主观性和不稳定性，尤其是在信息不完备和知识有限的状况下，个人很难准确地认识和把握到某一具体行为给其长远利益所带来的影响，或者其行为与公共利益的一致性。因此，就需要以集体智慧为基础的、客观的伦理制度来弥补具有主观色彩的个人道德的不足，使个人的行为能在制度化的道德指引下与公共利益保持一致。所以，伦理制度化是公共理性产物和众多智慧结晶，它可以弥补个人理性的不足，引导个人的道德行为。

其次，伦理制度化具有约束功能。道德规范和道德准则本身就是对道德主体行为的界定和约束，引导并约束其行为符合公共利益，这可以说是伦理制度化的内核；而伦理制度化又以外在制度的形式，以制度的他律性、威慑性、强制性，对主体的自律品质形成指导、纠偏、监督和自我评价作用。

最后，伦理制度化有维系功能。营造一个良好的道德环境，是作为社会管理主体的国家所应承担的责任和义务，这就需要道德的引导和法律的约束。伦理制度化是一个国家管理社会职能的体现，它可以促进良好社会风气的形成。现代社会价值观的多元化、利益的多样化，使得不同主体之间的观念冲突、利益冲突越来越多、矛盾越来越大，所以就需要以伦理制度化的方式引导、约束社会个体公民的行为，使之符合公序良俗、合乎法律规范。只有如此，才能更好地维系风清气正、安定团结的良好社会风气。伦理道德与制度的良性互动，有利于维持良好的社会道德环境和氛围。

**二、生态伦理制度化的必要性**

随着现代工业化社会的发展，以及全球性生态危机的出现，人类社会出现了新的道德要求。恩格斯曾经指出："归根到底总是从他们阶级地位所依据的实际关系中——从他们进行生产和交换的经济关系中，获得自己的伦理观念。"① 换言之，作为上层建筑一部分的道德，是受一定社会的经济发展水平和经济制度制约的。因此，从社会经济的变动中，我们可以把握伦理道德变化发展的方向。生态伦理，是当前人类面对生态危机所提出的适应未来社会发展要求的新的道德要求。

1. 生态伦理是社会道德进步的必然要求

道德作为社会意识形态的一部分，是随着社会的进步而处于不断向前发展的。道德以"应当"、"不应当"这一特殊命令方式，引导并规范人们的行为，在社会中发挥着"扬善"和"抑恶"的作用。在道德的"扬善"和"抑恶"这两大社会功能中，哪一个是主要的？这取决于对道德的逻辑起点的认识。中西道德哲学都将道德逻辑起点设定为人性，纠结于性善还是性恶的辩难。一般来讲，中国道德哲学坚持性善的信念，在"人皆有恻隐之心"的意义上诠释人性；而西方道德哲学则倾向于性恶的信念，是在"人皆有趋利避害之能"的层面上认定人性。无论是中国的性善论还是西方的性恶论，都是在进行道德哲学问题探讨和理论体系构建时的预设，都无法证明对错。

按照历史唯物主义的观点，人性是人类文明进化的结果，一成不变

① 马克思恩格斯选集（第三卷）[M]. 北京：人民出版社，2012：470.

的抽象人性是不存在的，因为"整个历史也无非是人类本性的不断改变而已"。① 亚里士多德在《尼各马克伦理学》一书中数次提及德性不是天生就具有的而是后天产生的。人类本性会随着社会历史的发展而改变。抽象的人性善或人性恶的说法，是经不起科学和历史检验的，同时它也否认了后天道德教育和道德治理的必要性。如果深入挖掘隐于人性之下的因素，人们就可以发现，善恶的矛盾根源在于"生产力与交往形式之间的矛盾"，这种矛盾"每一次都不免要爆发为革命，同时也采取各种附带形式，如冲突的总和，不同阶级之间的冲突，意识的矛盾"。② 斗争的结果是以一种新的交往形式取代旧的交往形式，当新的交往形式也成为桎梏时，又有别的交往形式来代替。人类处理相互间关系的历史以及人类社会的历史，就是这样不断发展的。所以，作为社会各种矛盾现象的表现的人性，也是发展着的。人的善恶观念是由其所处特定的社会的现实经济关系所决定的，可以说它是人们在调整社会经济关系的过程中所产生的一种需要。对不断发展着的社会经济关系及其他社会关系进行调整，这一客观需要和历史要求正是道德生成和发展进步的内驱力。

人类本性改变的过程，就是一个借助于道德教育和道德治理，使人们的道德观念不断实现自我扬弃的过程，是道德发展的过程。特定社会经济的发展，给道德的进步提供了现实依据，而给人性改变提供理论依据的，就是伦理观和伦理理论的变化。

伦理理论和伦理观念的变化，与道德的发展是同步同向的。传统中国社会中被大多数人所认可的基德或母德，是仁、义、礼、智的"四德"，或仁、义、礼、智、信的"五常"，它们形成一个有机的德性体系，并与中国传统文明的经济社会状况构成一个有机的文化生态。而现代中国社会的基德或母德，无论是从元素上讲，还是从结构上看，都已

---

①　马克思恩格斯选集（第一卷）［M］．北京：人民出版社，1995：172.
②　马克思恩格斯选集（第一卷）［M］．北京：人民出版社，1995：115.

发生根本变化。与"五常"相对应，得到人们最大认同的五种德是：爱，诚信，责任，正义，宽容。

生态伦理的形成，是当前社会道德进步的标志。伦理道德的进步包括了道德概念和理论的发展，以及道德实践的进步与发展。道德对象的扩大，例如将道德关注从人际关系扩展到人与自然的关系以及自然物之间的关系，非人类中心主义、自然权利论等理论的出现，都是道德进步的一种表现。而节约资源、保护环境、善待动物等社会道德实践的发展，社会和道德主体道德水平的不断提高，是道德进步的另一个重要标志。

### 2. 生态伦理制度化是解决农村生态问题的实践途径

英国哲学家乔·摩尔曾说过："思想，只有思想，才能辨别是非；思想，只有思想，才能调节人的行为和欲念。"农村生态中所存在的问题可以分为生态破坏和环境污染两个方面，主要是由农业生产活动、工业制造中的不恰当行为导致产生的，其原因是农民的思想未能跟随生态文明的发展与时俱进。

沿袭了儒家学说传统的中国伦理学，希望借助道德的净化力来化解社会矛盾，通过设置某种崇高的价值追求来感召人们，对人们的行为进行引导和约束。这种"良心主导型"的范式，面对当前纷繁复杂的社会状况，效果很不理想。因为就像哈贝马斯所说的那样，面对已经分崩离析的道德世界，用道德来整合世界的可能性已经不复存在了。所以，用一套具有强制性的制度体系来保障道德的实现，才是理想的解决方案。

当前中国农村的生态环境问题，深层次的原因就是环境意识与生态伦理的不足，因此，如何确立起与生态文明相适应的生态伦理，就成为一个需要解决的关键问题。将生态伦理观念变成为农民的意识，是农民选择生态行为的必要前提；而以社会制度、以奖惩等手段引导并约束农民的行为，才是促使他们选择生态行为的根本手段。所以，生态伦理制度化，是将生态观念和要求付诸实践，使其能在现实社会发挥调整人们行为作用的关键一环，也是解决农村生态环境问题的实践途径。

### 3. 生态伦理制度化是生态文明社会建设的必然要求

生态制度、生态技术和生态伦理是解决环境问题及发展生态文明的三大支柱。生态制度是联系物质层面的生态技术和精神层面生态伦理的重要环节。生态伦理制度化是生态社会的必然要求。

根据"当前中国伦理道德状况及其精神哲学分析"课题组于2012年所作的调查研究，在回答"你认为当前我国社会道德生活的基本方面是什么"这一问题时，40.3%的参与者选择了"市场经济中形成的道德"，"意识形态中所提倡的社会主义道德"占25.2%，"中国传统道德"占20.8%，"西方文化影响而形成的道德"占11.7%。① 它说明当代中国的伦理道德精神的四个构成元素中，市场经济道德是主体，市场经济主导了中国公众道德的状态和水平；意识形态的主导力量对整个道德生活的影响还不是最大，在精神生活中还没有达到主导和引导经济必然性的水平；传统道德和西方文化对道德生活有一定影响。

可见，当前中国主流的道德状态和水平是符合市场经济要求的，是与现代性紧密相连的。与现代性、资本主义生产方式、私有制等联系密切的市场经济，正是导致生态危机的重要原因。市场经济体制下，每一个主体都以经济利益的最大化为追求目标，竞争、逐利、过度消费等行为，都可能会造成资源的浪费、环境的污染以及生态的破坏。因此，如何在市场经济的背景下，倡导并树立起生态伦理，是对一国政府的极大考验。当前，我国社会主义生态文明建设，需要与之相适应的生态伦理作为内在的精神支撑。

在生态伦理中，生态环境居于中心地位。对于人类而言，生态伦理

---

① 当前中国伦理道德状况及其精神哲学分析 [EB/OL]. 中国网, http://www.china.com.cn/guoqing/2012-03/29/content_25015925.htm.

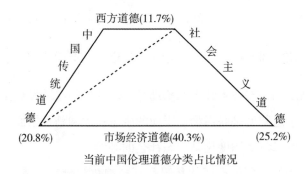

当前中国伦理道德分类占比情况

（图片来源于《当前中国伦理道德状况及其精神哲学分析》，http：//www.
china. com. cn/guoqing/2012-03/29/content_25015925. htm。）

观念引导主体的环境行为，规范着人与自然之间的关系，同时也间接建
构着人类的生存环境；而生态伦理规范则在社会生产实践中，约束环境
主体的环境行为，调整环境关系尤其是人与自然的环境关系。生态伦理
观念主要是一种内在的约束，而生态伦理制度则具有外在的强制性约束
力。因此，为了更好地保护人类赖以生存的环境，实现可持续发展，就
需要将生态伦理制度化，将生态伦理理念上升为包括法律在内的社会
制度。

以主流意识形态的方式倡导生态伦理价值观，是一国政府构建生态
社会必然要采用的做法，但仅此还不够，还需要将生态伦理理念上升为
包括法律在内的社会制度，以制度保障生态伦理在现实社会中发挥
作用。

自 20 世纪 70 年代以来，生态公正、尊重生命、善待自然、适度消
费等生态伦理的基本规范开始为人们所熟悉并渐入人心，促使人们思考
环境问题以及环境中的人际关系、人与自然间的关系。但是在现实生活
中，生态伦理并没有发挥应有的规范调节作用，在生态不断恶化的现实
面前显得无能为力。有人批评说生态伦理自身的不足是造成这种困境的
主要原因，因为生态伦理对现实的关怀不够细致，"更多的只是以浪漫

的方式来争论动物的权利，来抒发自己悲天悯人的宗教情怀，来提倡荒野体验，来提倡荒野，来抽象地谈人类与自然物的平等关系"。① 生态伦理的制度化是发挥生态伦理对现实生活调节作用的现实要求。只有将生态伦理的基本要求转变为制度化了的、外部化了的、明文化了的具体的行为规范，才能推动其在现实生活中的实现。

### 三、从环境立法的发展考察生态伦理法制化的可能性

美国著名法学家郎·富勒指出：真正的法律制度必须符合一定的道德标准，而完善的法是内在道德与外在道德的统一。也就是说，法律必须体现伦理道德的基本要求，伦理的发展为法律的发展与完善提供了法理基础。

从人与自然关系的层面考察，人类社会的发展，经历了三个阶段，即：农业社会阶段，在这一阶段，人类畏惧自然、服从自然、受制于自然。工业社会阶段，在这一阶段，人类征服自然、改造自然并"奴役"自然。生态化社会阶段，在这一阶段，生态与经济之间的矛盾已成为社会发展的基本矛盾。由于工业化和都市化进程加快，导致环境污染不断加重；由于科技和技术的快速发展及人口的迅速膨胀，自然资源出现短缺，开始出现资源危机；由于对自然破坏性的开发和利用，导致生态平衡受到破坏。这些问题已经严重威胁到人类的生存环境以及人类社会的可持续发展。自 20 世纪 50 年代以来，随着对地球环境及其生态系统与人类关系的科学发现与认识的发展，人们发现导致环境问题的思想根源在于人类以人类的利益为中心，这种观念是人类在长期与自然作斗争的实践中形成的。西方学者对人类中心主义的哲学观予以深刻的反省和批判，并在此基础上提出了新的环境伦理理论来确立环境和自然固有的价值和权利。这些理论的提出，向长期占统治地位的人类中心主义哲学观提出了挑战，并为环境与生态的保护提供了新的依据，也为环境法律制

---

① 李培超. 自然的伦理尊严 [M]. 南昌：江西人民出版社，2001：122.

度的新发展提供了法理依据及新的契机。

从立法目的来看，世界环境法律制度的发展历史可以分为以下几个阶段：

首先，早期环境立法把环境与资源作为所有权的客体来保护。人类社会早期在环境方面并没有专门的法律，动物、植物、土地等自然资源，只是作为人们所有权客体时才受到保护，并且只是在保护所有权的相关法律中才得到体现。

其次，18世纪中叶到20世纪初叶的环境立法开始体现环境的公共利益。由于工业和城市化带来的环境污染问题，进入19世纪以后，生活环境的卫生成为欧洲国家立法的主要保护对象，在消除空气污染方面制定了相关法律，并在私法领域对人们的一些行为及权利进行限制。这一时期，环境立法的主要目的是保护经济性自然资源，例如森林、渔业等。许多法律措施也是为了人类的生存而强制人们对自然资源予以持续的开发和利用。

再次，20世纪中叶的环境立法重点在控制环境污染。自20世纪开始到20世纪中叶，污染损害大面积展开，在这种背景下，只靠传统私法的事后救济是无济于事的，于是各国人民通过各种反污染斗争，要求各国政府采取积极的对策。为此，以控制环境污染为中心的环境法开始在各发达国家制定。此时，立法的主要目的是保护人们的健康。

最后，20世纪末叶的环境立法以可持续发展为目标。进入70年代以来，国际上出现了立法的爆发式发展，并且在立法目的上达成一致。接二连三的环境事故灾难性地突发于人们面前，使得人们认识到人类只有一个地球。1972年联合国人类环境会议的成功举行，被认为是国际社会重视生态环境保护的一个重要里程碑。此时至80年代中期，一系列环境保护的条约纷纷出台。1987年，联合国发起成立了关于地球问题的世界环境与发展委员会（WCED），1987年，WCED出版了关于环境与发展问题的报告《我们共同的未来》，首次提出了"可持续发展"的概念。此后，可持续发展成为多数国家环境立法的目标从以上对环境法立法目的的分析中，我们可以得出这样一个结论，即：目前，许多环境方面的立法是以"人类利益中心主义"为法理基础的，不论是对环境污染控制方面的立法，还是对资源保护方面的立法，都是为了人类自身生活的幸福和人类的发展，只在部分立法中较少地关注到了动植物以及自然界其他生命体的权利。可以说，这是"人类本位"法律观在立法理念及目的上的体现。无论是近代自由主义时期的个人本位，还是现代垄断资本主义时期的社会本位，其共同点都是强调"人类利益"至上，都主张以人类利益为中心，认为人类是自然界的主人。在伦理学上认为只有人才是道德主体，才具有目的价值。因此，这种法律观在立法上表现为把自然界以及自然界的生物作为人类权利的客体，当做为人类服务的对象。因此，在人类中心主义法律观指导下制定的传统环境法律法规，即使法律规定保护自然资源和生态环境，也是着眼于人类利益，这最终将导致作为人类生存和发展基础的生态环境不能健康、良性地发展，并导致生态危机的加剧，威胁人类整体的生存与安全。

伦理学家纳什在《大自然的权利：环境伦理学史》一书中指出：现代伦理学的进展经历如下三个时期：在伦理以前的时代以自己为中心；在过去的伦理时代扩大到家族、部族、地域；而在现代的伦理时代又扩大到国家、人种、生物、岩石、生态系统、地球、宇宙等。① 在环境伦理学的影响下，现在已出现生态本位法律观，并且这种观念正在影响着当代的环境立法，而且在法律实践中产生了积极的影响。如1972年美国人 C. D. 斯通提出的著名的给予树木和其他自然物以法律资格的提案：在巴里拉鸟诉夏威夷土地自然资源局一案中，小鸟作为原告诉讼，法院判决小鸟巴里拉胜诉。在国际环境立法中，国际已经承认了自然的内在价值，从 1979 年《保护欧洲野生生物及其自然栖息地公约》

---

① 纳什. 大自然的权利：环境伦理学史 [M]. 杨通进，译. 青岛：青岛出版社，1999：3-12.

到 1992 年联合国通过的《生物多样性公约》都表明了自然界具有的内在价值，这些国际法律文件都要求人类不能只期待从生态系统获得利益，而应与自然和谐共生。

目前，人类利益本位观在现代法律理念中占统治地位，但人类必须以生态伦理理论为基础，对传统法律价值存在的缺陷予以补充和完善，并对法律制度进行创新。以"非人类中心"伦理学观念为基础的生态本位法律观要求人类部分修正国际环境立法以及国内环境立法的保护框架和制度，对环境法进行整合，以真正实现人类社会的可持续发展，实现人类社会和自然界和谐统一的发展。①

美国学者罗尔斯顿提出："在制定环境政策时，我们有时'把道德转化为法律'，至少是在最基本的或公共的生活领域。我们必须制定出某种关于公共物品——大地、空气、水、臭氧层、野生动植物、濒危物种——的管理伦理。这种伦理是一种经开明而民主的渠道而达成的共识，是有千百万公民自愿维护的——在这个意义上，它是人们自愿选择的一种伦理，但它是被写进法律中的，因而又是一种强制性的伦理。"②而法律制度对人类权利和义务责任的规定则推动了人类道德的进步。

## 第二节　生态伦理制度化的原则、限度与路径

作为约束社会基本规范的道德和法律，从来都不是严格二元分离的，而是相互作用、相辅相成的。伦理观念入制度和法律，是一种常见的历史现象。人人生而平等、自由的伦理观念就被启蒙运动时期的自然法学者卢梭、洛克、孟德斯鸠等援引，成为他们法学思想体系的坚固基石。我国的"唐律"在律格正文之外，还附有十恶条款，按规定违反"大不敬""不孝""不睦""不义"伦理规范的人，也要受到法律制

---

① 王秀红．论环境法公平原则的实现［D］．华中科技大学，2005：17-20.
② 霍尔姆斯·罗尔斯顿．环境伦理学［M］．北京：中国社会科学出版社，2000：335.

裁。这就是用法律的形式，强制推行和维护"三纲五常"的封建道德。1978 年和 1980 年，美国国会分别通过了《公务道德法》和《公务员道德法》。这两个法律不仅赋予了公务员道德以法律的意义，而且对上至总统、国会议员，下至最低一级公务员的行为在道德上作了详细而严密的规定和限制。20 世纪 70 年代以来，环境权开始作为一个法律上的权利概念频繁出现在国际法文献、西方国家学者的法学著作和司法实践中，而这一权利概念和制度主要是为了保障公民的环境公平。可以说，这是生态伦理制度化的范例。

## 一、生态伦理制度化的原则

生态伦理制度化是将伦理道德上升为制度或法律的过程，因此，也就需要遵循制度或法律制定的基本原则。

### 1. 公开原则

任何制度或法律的制定，都以公开为基本原则。公众参与是法律或制度公开原则的基本要求。《中华人民共和国立法法》规定："立法应当体现人民的意志，发扬社会主义民主，坚持立法公开，保障人民通过多种途径参与立法活动。"这表明，公开原则应在立法的全过程得到体现，包括法律的起草、审议、通过和公布。在制度与法律的起草阶段，制度或法律案的起草单位应该广开言路，广泛听取群众意见，在社会利益日益多元的当今社会，任何一种意见，都有可能一些人赞同而另一些人反对。所以，立法调研要全面听取各方意见，包括媒体、网络上以及通过其他渠道表达出来的意见。要把专家观点、管理部门的通常做法与群众意见综合起来考虑，最终形成一个科学的、符合实际的制度或法律草案。在审议阶段，应充分利用论证会、座谈会、听证会等公众参与形式，让各方畅所欲言，充分表达意见。制度或法律的通过也应贯彻公开、透明原则，也应程序化。2015 年 1 月施行的《环境保护法》（新修订）在总则中明确规定了"公众参与"原则，并专章规定了"信息公开和公众参与"。2015 年 9 月，我国环境保护部印发了《环境保护公众参与办法》，目的是切实保障公民、法人和其他组织在环境信息获取、环境保护参与和监督等方面的权利，畅通公众参与渠道，引导公众依法、有序、理性参与环境保护。可见，保障公众参与是我国生态伦理制度化的基本原则。

公众参与也是生态伦理制度化的具体要求。制度化实际上是一个过程，在这一过程中个人或组织的行为与社会规范应相符合。这可以从两个层面来理解：一是在社会上建立了一整套完善的社会制度体系，二是社会规范被社会成员所接受并成为自觉要求与行为准则。所以，生态伦理制度化的过程，既是生态伦理规范的条理化、系统化、正规化的过程，又是生态伦理规范内化并为社会成员所接受的过程。

在公民意识与伦理规范之间，存在着相互影响、相互制约的互动关系。如果一种规范为社会成员普遍认可并接受，那么它上升为制度后被遵守的程度就会很高，反之，则会很低。所以，在生态伦理制度化的过程中的一个重要环节，就是公众参与。通过广泛的公众参与和公众决策，进行生态伦理观念、意识的宣传、学习、整合以至达成一致认识，就会为生态伦理制度或法律的实施与遵守奠定良好的基础。

## 2. 公正原则

公平正义是制度或法律的基本价值追求。罗尔斯在《正义论》中就明确说过："一种理论，无论它多么的精致和简洁，只要它不真实，我们就必须加以拒绝或修正；同样，某些法律和制度，不管它们如何有效率和有条理，只要它们不正义，就必须加以改造或废除。"[①] 美国学者金勇义先生曾说："真正的和真实意义上的公平乃是所有法律的精神

---

① 罗尔斯. 正义论［M］. 何怀宏，等，译. 北京：中国社会科学出版社，1998：3.

和灵魂。"① 一般认为，法律的价值范畴基本包括秩序、效率、公平、正义等内容，"公平与正义也并非处于同一层次，相对来说，公平是正义的外部表现，是衡量是否正义的一种较直观的标志。在一般情况下，合乎正义的必是公平的，但公平并不一定即为正义"。② 相对而言，公平更直观，也更易于实现，而正义是更为崇高、更为理想的价值，其主观性更强。因此，有学者将公平、正义经常一起混用，不进行意义上的细分，因为它们之间的差别极为微妙，很难确定区分的具体标准。因此，正义是法律制度的基本价值追求，也是制定法律和制度的基本原则。

公正既关涉到人与人之间的权利义务、利益分配等关系，也关涉到团队凝聚力、群体氛围、组织绩效以及可持续发展等问题。制度公正包含制度制定以及制度执行两方面的公正，它既要求制定制度时要将公正作为基本原则，平衡各利益主体的权利义务关系，也要求制度执行时贯彻公正原则，讲求程序公正，将公正的制度要求落到实处。因此，生态伦理制度化，也要贯彻公正原则。在环境伦理制度化的形成过程中，兼顾各方利益；在制度执行中，也要讲求公正执行。公正的制度是制度执行的前提和基础，制度执行的公正是生态伦理制度化的必经之路。

生态伦理制度化所形成的法律，往往被称为环境法及相关法律。环境法上的公正具有其他部门法所不具备的特殊性，它不仅仅涉及人与人之间的关系，还涉及人与自然之间的关系；在涉及人与人之间的关系时，它也不仅是共同生活的几代人之间的关系，还涉及当代人与后代人以及未来世代人之间的关系。因此，环境法上的公正包括自然公正和人类公平两个方面，而人类公平又包括代内公平与代际公平。所以，如何在环境立法和执法中体现并贯彻公正原则，对维护公平正义具有重要

---

① 刘作翔. 公平：法律追求的永恒价值——法与公平研究论纲 [J]，天津社会科学，1995（5）：99.

② 漆多俊. 经济法价值、理念与原则 [J]. 经济法论丛（第 2 卷），1999：28.

意义。

### 3. 效率原则

效率是环境伦理制度化的重要价值取向，同样构成了环境伦理制度化的基本原则。

所谓效率，是指产出与投入的比较。通俗地讲，就是以较少的成本较多地生产人们所需要的产品。效率与效益密切相关，效率比效益更能反映人类的价值追求和理想。法的效益一般是指法实施后取得的社会实际效果；法的效率是指法实施后所取得的社会实际效果与投入的社会资源之比，即法的效益与成本之比。法的效率与法的效益成正比，与法的成本成反比。效率的概念和价值标准的适用范围大概有三种情况：全部资源配置上的效率、收入分配领域的效率以及特定资源的配置和利用上的效率。效率原是机械和物理学的术语。效率原则进入社会科学领域，首先在经济学上使用。19 世纪以后，社会发展使经济价值和经济效益成为社会普遍的价值追求，法学中开始引用效率原则，随着当代经济分析法学派理论的形成，效率原则成为法的一个重要原则，尤其是在经济法领域。而在环境法中，效率价值显得尤为重要。

环境法律制度的效率原则，要求环境法律把高效率作为基本准则，追求整体最优。即在环境立法、环境执法和守法的过程中，以消耗最少的社会资源取得最大的符合环境法立法目的和社会目的的环境、经济和社会效益。由于环境法在环境资源配置和法律资源配置上的特殊作用，为实现社会的可持续发展，环境法必须以效率为基本原则。

作为环境主体，政府在行使其环境监管的职能时要遵循效率原则，争取最短时间内以最小的投入办尽可能多的事情，取得生态利益的最大；企业及个人要时间、人力成本的最小化，争取最大的利益回报。企业要严格遵循环境标准规范生产，切实做好清洁生产和循环生产；个人要端正环境观念，倡导绿色低碳生活。

### 4. 从实际出发原则性与灵活性相结合原则

制度可操作性是执行力的基础因素之一，制度只有得到执行才能发挥作用，没有执行力的制度只能是纸上谈兵。制度要想得到执行的必要前提是制度本身具有可操作性。而要想制度本身可操作性强，就要规定得明确具体，使相应主体可以依规定执行。可操作性要求政府部门的环境监管要落到实处，建立相应的环境监督机制、沟通机制和激励机制等。众所周知，法律和制度本身具有相对稳定性和连续性，不能朝令夕改，这就要求法律制度本身应该原则性强些，不能规定得太过具体。这就造成了原则性要求与可操作性之间的冲突。

针对生态伦理要求和法律制度本身的特点，我们应该从我国现实状况出发，以原则性与灵活性相结合为基本原则之一。在生态伦理制度化过程中，伦理道德要求如果过高，则很难在现实生活中得到有效实施；而要求低了，又无法发挥导向作用。因此，要针对我国社会发展状况和公民道德水平现状，将一些可以实现的伦理道德要求具体化、明确化、系统化，成为可操作的制度，以确保最低标准的生态要求得到实现；同时用"鼓励""支持""反对"等原则性文字表述，来引导人们更高的生态伦理道德追求。要通过制度最大限度地保障生态伦理道德的基本要求得到强制执行，同时通过制度引导主体拥有更高的生态道德水平。

### 二、生态伦理制度化的限度

生态伦理制度化有着深刻的理论依据和紧迫的现实要求，可以保障和促进生态伦理道德建设。但是，生态伦理制度化也不能解决所有的生态环境问题，其作用与功能的发挥仍有阈限。如果过度依赖生态伦理制度化，就会削弱道德的应有功能，进而会遏制道德水平的提升与发展。如何平衡二者的关系，是一个在理论上需要深入探讨、在实践中需要认真解决的现实问题。

生态伦理制度化对生态道德的支持范围有限。伦理制度在面对复杂多变的社会生活时，不可能包罗万象，所以也就不能对社会生活的所有方面进行明确规定和详细调整。生态伦理制度化也是如此，它只能规定并调整社会生活的某些方面。有研究者认为，"伦理制度所支持的公民道德的范围应满足两个基本条件：（1）全体公民'应该'而且'必须'做到的道德规范；（2）全体公民'能够'做到的一些基本的道德要求"。① 也就是说，那些表述为"不应当"的义务型道德规范，是一种"底线伦理"，体现了社会的基本道德要求，适合转化为伦理制度，从而形成社会公德、职业道德和家庭美德。那种具有极高要求的"圣人道德"，则不适合制度化。

生态伦理制度只能调整人们的外在的环境行为，所能建立的也只能是一种外部环境秩序。生态伦理制度化不能直接规范人们的思想意识。一个有序、和谐、可持续的世界，应该是人的外在行为和内心活动高度协调统一的平和世界。生态伦理制度化应特别注意伦理要求的层次性，注意区分"常人道德"与"圣人道德"，避免将过高的理想性的"圣人道德"要求予以制度化。理想性伦理道德的要求在现实生活中往往高于一般人的道德水平，所以它只能通过主体的自觉自律和道德教育等途径实现。在现阶段，我们不能将某些较高道德要求的生态伦理上升为伦理制度，借助国家的强制力来整齐划一地去实现。生态伦理道德如果脱离公众的觉悟状况和现实生活条件，被强行将理想性的道德要求制度化，那么生态伦理制度本身就不能得到普遍遵从和执行，制度可能就会变成空谈。

此外，生态伦理制度化本身也还存在特殊困境。生态伦理是一种超越人际伦理而将伦理关怀拓展到非人类存在物的伦理，将这样一种要求的伦理制度化会面临两个难题：一是从立法取向上看，当前的环境法律制度都是受"人类中心主义"法律观念影响的，其最终目的都是保护

---

① 陈金明，庄锡福．伦理制度化：依据、功能及阈限［J］．集美大学学报（哲学社会科学版），2005（12）：8.

人类既得权利与利益。这样就无法从理念上增进人类对自然的固有价值的认识和增强对环境的保护。而如果将生态伦理的"非人类中心主义"作为环境立法的基本价值取向，就意味着要确立自然界，至少是非人生命与人平等的价值地位，赋予其基本权利。但是这就带来了一系列问题，如可操作性问题。所以，生态立法的这一价值立场一般被当做生态伦理制度未来的理想方向。"而事实上，种际正义的价值理性只能被当做环境立法的理想和指导方向，而不可能不折不扣地化作工具理性。"①事实上，在将生态伦理的概念法制化过程中，遭到了现实主义的法学家的激烈抵抗。二是生态伦理制度的实践的现实困境。环境权是落实生态公平等伦理要求的基本制度。环境权的产生和确立反映了人类的这种认识不断深化的过程。环境权的产生也是社会发展对法律的必然要求，它从最初就包含了保护未来世代人环境方面的权利的含义，具有为了后代环境公平的考虑，从这一点讲，环境权制度是环境问题解决和保障环境公平的基本要求。国际上推动环境权的确认有两个途径，一是在法律中对环境权的内容进行阐述的直接途径，二是借助基本人权保护环境权的内容，环境权概念的提出就借助了人权的外壳。自 20 世纪 90 年代开始，各国环境权立法出现了环境权宪法化、具体化和公民权化的发展趋势。那么，环境权的主体包括非人类存在物吗？如果包括，那么它们又是如何行使权利？又如何承担义务呢？按照制度可操作性的要求，以非人类存在物为主体的制度，在现实生活中很难行得通。

因此，虽然生态伦理制度化是生态伦理道德建设的基本趋势，但同时我们也应注意到制度化的阈限。要将适宜制度化的道德要求上升为制度，同时也给基于主体自主自律人格的道德培养与建设留下空间。"保持环境伦理对应然的追求与制度对实然的承认之间的张力与互动，正是环境伦理制度化的意义所在。"②

---

① 曾建平．环境伦理制度化的困境 [J]．道德与文明，2006 (3)：65.
② 王国聘，李亮．论环境伦理制度化的依据、路径与限度 [J]．社会科学辑刊，2012 (4)：21.

### 三、生态伦理制度化的具体路径

自 20 世纪 70 年代生态伦理产生并得到广泛传播以来，它所宣传的价值观念、所倡导的道德理想和道德境界，以及相应的崭新的行为准则和道德规范，正逐渐渗透到各国政治、经济、科学技术和文化生活的各个领域。在我国，生态伦理也已经不再是仅仅停留在书斋里的道德学说，它正在逐渐渗透到人的实际行动中，从理论走向实践。

2001 年 9 月中共中央印发实施的《公民道德建设实施纲要》指出："公民道德建设是一个复杂的社会系统工程，要靠教育，也要靠法律、政策和规章制度。"[①] 公民道德建设需要综合运用包括教育、法律、政策、社会制度等各种手段。《公民道德建设实施纲要》指出："各地区、各部门在制定政策时，不仅要注重经济和社会事业发展的需要，而且要体现社会主义精神文明和公民道德建设的要求。既要保护和支持所有通过正当、合法手段获取个人和团体利益的行为，又要提倡和奖励多为他人和社会作奉献、道德高尚的行为，防止和避免因具体政策的不当或失误给社会带来消极后果，为公民道德建设提供正确的政策导向。""各地区、各部门、各行业和各基层单位在建立健全规章制度时，要充分体现相关的道德规范和具体要求。"[②] 在这里，其实也暗含了伦理制度化的路径。

"生态伦理制度化"就是要把相对抽象的环境伦理要求以及道德目标具体化为一系列可操作的道德规范，使其物化为具有普遍性的强制约束力量的现实制度力量，从而形成生态伦理制度。生态伦理制度化的路径可以归纳为两种：一是生态伦理基本原则转化为政策和制度，二是生态伦理的要求渗透到已有的社会政治制度、经济制度和法律法规当中。

---

[①] 公民道德建设实施纲要（全文）［EB/OL］. 人民网，http：//www. people. com. cn/GB/shizheng/16/20011024/589496. html.

[②] 公民道德建设实施纲要（全文）［EB/OL］. 人民网，http：//www. people. com. cn/GB/shizheng/16/20011024/589496. html.

在社会实践中，环境伦理制度化的这两种路径是相互交织、相互渗透的。

### 1. 生态伦理基本原则自身的制度化

这是一种从无到有，创建起基本的符合生态伦理原则和要求的制度，就是将基本生态伦理规范制度化成为人们遵从的行为规范，任何不遵从的人或组织都会受到相应惩罚，从而以奖惩的形式保障生态伦理要求得到落实。

如何将伦理学的道德观、价值观内化到社会的法律、制度和观念体系中，将其转化为人们自觉的行为规范，做到内在约束与外在约束相结合，一直是各国进行社会治理时所要解决的问题。20 世纪下半叶以来，西方国家一直在探索以制度的形式规定生态伦理，以便能够使生态伦理观念被社会公众广泛接受，在民众认同的基础上推行生态伦理制度。

（1）制定符合生态伦理要求的新制度

生态伦理的某种要求，可以以特定制度的形式来加以保障。自 20 世纪 60 年代开始，为保护生态环境、维护生态公平，一些新的制度开始出现。

环境伦理责任制度。随着西方工业化国家环境污染事故的频发和公众环境权利意识的增强，被称为"绿色保险"的环境责任险便产生了。20 世纪 70 年代末美国最早推出了环境责任保险，其后英国、瑞典、德国等国也以不同模式纷纷迅速发展环境责任保险制度。环境责任险从制度上保障了环境侵权事故中受害者能够得到经济赔偿、平衡经济发展和环境保护间的关系以促使企业环保责任的落实，是环境公平伦理要求的制度化的一种方式。经过多年的研究与实践，环境责任险已成为解决环境污染问题的重要手段，在经济和社会发展中起着重要的推动作用。1985 年，丹麦把环境损害责任保险作为公众责任险的一部分。1991 年，德国将环境损害责任保险确定为强制性保险。

生态补偿制度。作为保护生态环境的一种经济手段，生态补偿制度可以说是落实生态公平的一项新制度。生态补偿的概念为中国特有，国外与之相类似的概念是"生态系统服务付费"（Payment for Ecosystem Services，PES）或"环境服务付费"（Payment for Environmental Services，PES），部分国家已有生态系统服务付费的成功范例。"生态补偿"的本质内涵是生态服务功能受益者对生态服务功能提供者付费的行为。这项制度确立的基础之一是对生态系统服务功能的研究和生态环境价值的认识和确定。生态系统的服务功能除了表现在为人类提供直接的产品以外，还包括供给功能、调节功能、文化功能以及支持功能等更大的功能。作为促进生态环境保护经济手段的生态补偿制度，既要考虑人类福祉，同时也要考虑生态系统的内在价值。国际环境与发展研究所（IIED）曾经对全球 65 个国家的 287 个生态环境付费案例进行了分析，发现已有的生态环境服务付费中的生态环境服务可以分成流域生态服务、森林的碳汇、生物多样性和景观等四类，而且大部分生态环境服务付费案例都是针对流域生态服务的。我国全面开展生态补偿是从 2005 年开始的，当年的中共十六届五中全会公报首次要求政府"按照谁开发谁保护、谁受益谁补偿的原则，加快建立生态补偿机制"。目前，我国涉及生态补偿的法律有《草原法》（2013 年）、《农业法》（2012 年）、《水土保持法》（2010 年）、《海岛保护法》（2009 年）、《水污染防治法》（2008 年）、《畜牧法》（2005 年）、《野生动物保护法》（2004 年）、《土地管理法》（2004 年）、《渔业法》（2004 年）、《水法》（2002 年）、《防沙治沙法》（2001 年）、《海域使用管理法》（2001 年）、《森林法》（1998 年）、《矿产资源法》（1996 年）。

环境影响评价制度。环境影响评价（Environmental Impact Assessment）最早是在 1964 年加拿大召开的"国际环境质量评价会议"上提出的，是人们认识到事后评价的不足后而提出的一个新概念。它是指对拟建设的项目、区域开发计划、规划以及国家政策等实施后可能产生的环境影响或后果进行的系统性识别、预测和评估。最终目的是尽可能少地干预和影响自然界，最大限度降低或减少人类活动对环境的不利影响。环境影响评价制度最早于 1969 年由美国率先确立，目的是希望在客观理性地分析、预测、评估某规划或建设项目潜在的环境影响的基础上，提出预防或减轻环境负面影响的对策和措施，帮助环境管理部门正确决策。1973 年我国引入了环境影响评价的概念，并在 1979 年以法律形式确立了项目环境影响评价制度，简称项目环评。自 1993 年起，我国开始推动针对开发区的环境影响评价，被认为是战略环评的起步。2002 年，我国颁布《中华人民共和国环境影响评价法》，首次将"一地、三域、十个专项"规划纳入了环境影响评价制度范围。这项制度体现了生态伦理中的不干预自然的原则，是对自然发展的尊重。

（2）制定符合生态要求的专项法律制度

从生态伦理基本要求出发对环境立法进行考察，可以发现传统法律主要是保护人类利益的。叶瑟曾指出："从法律史的回顾来看，答案显然得从片面的、以人类为中心的方向来找寻。比如，西元前 17 世纪，巴比伦的汉穆拉比法典之禁止过度使用牲畜，与其说是关心动物的健康（遑论该牲畜的健康），不如说是为了维护它们的工作能力。同样的，罗马法律之处罚任意宰杀一牲畜，也显然不是出于真正的动物保护，而是因为农业上的利用价值受到损害。类似的，早期中古世纪时的城市法也都只有在人类物质利益凑巧与某些环境资源的维护与助长一致之处，才有某种环保可言：比如所谓'禁猎期'的设定。另外，城市法里对垃圾处理及水域保护的规定，也不是以自然资源如某一特定景观本身或某一河流本身的保护为目的，而是为了保护或改善人类的生活条件。类似的，1871 年的普鲁士帝国刑法之所以将虐待动物列入第 360 条第 13款，也是以人类为中心的，主要不是在关心动物本身，而是关心人对动物的同情：它所要阻止的祸害，不是动物所受的折磨，而是人在目睹动物受苦时的感情挫伤。可以说，保护动物只是以保护人类为目的的。"①

由于传统法律在其基本理念上就缺乏对自然物以及环境利益保护的思想，缺乏环境公平的理念，以致传统法的任何手段和方法都只能以保护人类的权益和利益为主，环境的利益在此只能作为人类利益的"反

---

① 汪劲．伦理观念的嬗变对现代法律及其实践的影响［J］，法理学、法史学，2002（7）：140-146.

射利益"而间接地受到保护。即使在某些称之为"环境法"或"环境保护规范"的立法中，由于在立法的指导思想上不知不觉地受到人类中心主义思想的影响，从而导致了这种类型的环境立法的形式与实质意义上的环境法的目的不相符合的问题。这个问题的法理学根源就在于传统法的价值观是建立在人类中心主义伦理道德观的基础之上，它所强调的是人类利益优先，而将人类以外的其他物质只作为人类利益的客体来看待。而事实上，在许多法律中，环境公平并没有作为立法目的来考虑。因此，环境种际公平，在现有的法律制度中得不到体现。在保护未来世代人的利益上，传统环境制度及环境决策也存在着局限性。人类在长期以自我为中心的观念下，其绝大多数行为的目的和动机是人类利益和自我利益，在面对长远的环境保护与眼前实在利益发生冲突时，很容易选择眼前利益。

社会的进步、伦理的发展需要有新的法律制度加以保障和推动，一系列新的法律应运而生。"环境立法的实质是将一定的环境伦理思想转化为环境保护方面的具有可操作性的制度或法规。"①

在良好的生态环境中生存，可以说是公民最基本的生存要求。为了保障公民能够享有清洁空气、干净的水以及良好的环境，防治大气污染、水污染等污染，很多国家都制定了专门法律。欧美国家针对造成大气污染的排放行为纷纷制定了《清洁空气法》。1956 年，英国国会通过了世界上第一部防治空气污染的法案——《清洁空气法》。美国于 1970 年制定了《清洁空气法》，这个法律经过 1977 年修正案、1990 年修正案等多次修正而逐步完善，由此，美国建立起了一个完整的法律规范体系。我国也在 1987 年制定了《中华人民共和国大气污染防治法》，并分别于 1995 年 8 月、2000 年 4 月、2015 年 8 月进行了三次修订。1972 年美国制定了《清洁水法》，我国也于 2016 年颁布实施了《中华人民

① 曾建平，邹平林. 环境制度的伦理困境与环境伦理的制度困境 [J]. 南京林业大学学报（人文社会科学版），2015（3）：46.

共和国水法》。

随着动物权利、动物福利等理论的兴起以及生态伦理学的发展，对动物权利的关注成为理论界的热点，动物福利也逐渐从理论走向实践，在国外已经存在一百多年时间的动物福利立法开始逐渐演变成一种国际趋势。《瑞士联邦动物保护法令》几乎涵盖了动物福利的所有方面。1966年美国联邦议会通过的《动物福利法》，其内容涵盖了研究机构应该如何对待动物、州和地方的动物收容所应该如何组织管理、运输动物时要注意的问题以及如何处理被盗动物等等内容。英国最早进行动物福利方面的立法，目前有关动物保护的法律有几十部，大多涉及动物福利问题。如《鸟类保护法》《动物保护法》《野生动植物及乡村法》《宠物法》《斗鸡法》《动物寄宿法案》《动物麻醉保护法》《动物遗弃法案》《兽医法》等等。此外，英国还有针对特定动物的法律如《鹿法》《饲养狗法》《保护獾法》《鲑鱼渔业法》《蜜蜂法》等。英国于2006年通过的《动物福利法》对有关动物保护的法律法规进行了重新整合，还引进了如"人们对动物有关照责任"的概念，这标志着英国在动物福利立法上达到一个新的高度。我国涉及动物保护的唯一法律是1989年施行、2004年修订的《中华人民共和国野生动物保护法》。这部法律的立法目的主要是反走私、反盗杀野生动物。1992年施行的《中华人民共和国陆生野生动物保护条例》也没有涉及环境伦理所重视和提倡的动物权益与动物福利。

2. 将生态伦理要求渗透到已有的政治法律、经济科技、社会文化制度中

将生态伦理的要求渗透到已有的政治、经济、文化等社会制度和法律法规中，使社会政策、法律、制度符合生态伦理的基本要求，这是从生态伦理角度对现有制度及其创制程序的变革和改进。

（1）政治法律生态化

所谓政治生态化，就是把生态环境问题提到政治问题的高度，将政

治与生态有机统一起来，达到政治发展与生态发展一体化的持续、健康和稳定发展。政治生态化包括整个政治过程，如各国政府决策过程的生态化、政府施政的生态化。当前的主要选择有：一是加强政府的生态问责制度建设。作为政治生态化建设主导者和主要责任主体的政府，需要承担起自身的生态责任，需要有完善的生态制度来约束政府的行为，这也是建立生态型政府的前提。如制定并完善政府的环境问责制度，创建科学的"绿色GDP"考核体系等，引导政府树立绿色政绩观和绿色发展思维。二是要建立广泛的生态监督机制，确保政府运行、决策、施政过程的绿色化和生态化，切实履行生态责任。

法律生态化就是将生态伦理的要求融入现有的法律制度中，使其符合现代生态社会发展的需要。也就是说，"对自然环境的保护不仅需要制定专门的自然保护法律法规，而且还需要一切其他有关法律也从各自的角度对生态保护做出相应规定，使生态学原理和生态保护要求渗透到各有关法律中，用整个法律来保护自然环境"。[①] 从更广泛的意义上讲，法律生态化要求立法、执法、司法和守法各个阶段都反映生态伦理和生态文化的价值追求。

（2）经济科技绿色化

对于"绿色化"，有学者（如郇庆治）将其置于"生态文明建设"和"绿色发展"的语境下，作中观层面的理解，认为广义上的"绿色化"或"绿化"，"泛指一种有利于生态环境保护与恢复的动态性进程，其对象主体可以是人类现代社会中从经济科技、政治法律、社会文化到价值伦理的方方面面"。[②] 也有学者（如赵建军）从哲学层面的一般意义上理解这一概念，认为"绿色化"的"绿色"代表一种精神、价值、文化、追求、目标和状态，"化"是一个动态的过程，而"绿色化"就是把绿色的理念内化为人的绿色素养，外化为人的生产生活方式、企业

---

[①] 马骧聪. 俄罗斯联邦的生态法学研究 [J]. 外国法译评，1997（2）：43.

[②] 郇庆治."绿色化"研究：文献语境与实现机制 [J]. 贵州省党校学报，2017（4）：79.

的绿色产业产品与行为、政府部门的绿色管理与治理。

经济绿色化是当前经济新常态发展的方向、目标，也是其状态、结果和评价标准。"绿色化"不仅是一种经济发展的新理念，也体现为企业的绿色转型、干部政绩观的转型和每个人行为方式的转变。经济发展的新常态，意味着我国经济将步入低碳、绿色和循环的绿色化轨道，实现生产方式的绿色化。

现代科技的飞速发展带来了生产力的大变革及物质财富的极大丰富，但是它在给人类带来福祉的同时，也造成了生态环境严重破坏的后果。各国在反思生态危机的基础上，提出了科技生态化。科技生态化以社会、生态和经济共同发展为追求目标，对其评价应该符合三重标准："一是生产力标准，即经济评价尺度，包括经济发展质量和效率；二是生态标准，即环境和生态评价尺度，重点在于保障生态合理性、持续性和多样性；三是社会标准，即协调尺度，突出社会经济与生态自然的协调发展。"① 只有符合这三重标准的科学技术，才是应该鼓励的。强化企业作为科技发展主体的生态观，具体而言，它要求企业树立全新的生态观，制定生态技术战略，形成包括生态技术组织体系、产品开发过程体系、生态技术激励机制在内的生态技术机制，在技术创新和应用中遵循生态理性和生态规律。它要求政府发挥对于科技生态化发展的引领作用，公众应积极参与科技发展生态化的决策。

（3）社会文化生态化

生态文明建设需要创建一种生态化的或合乎生态要求的新文化。每一个社会政治经济运行都以文化体系作为内在支撑，如支撑资本主义体系的多元民主政治和市场经济的文化基础，包括人与人的关系、社会与自然的关系模式以及物质主义、消费主义大众文化等复杂的文化结构。我国生态文明及其建设也必须要建设起新型的伦理价值及其文化形态，

---

① 赵海月，康喜彬. 如何实现科技发展生态化 [J]. 人民论坛，2018（6）：148.

并以此作为内在支撑。换言之，社会主义生态文明建设离不开社会主义的"生态新人"。一种健康的生态化的社会主义文化是塑造"生态新人"的土壤。

"生活消费方式绿色化"是生态化社会主义文化的基本要求。消费主义文化和过度消费被生态学马克思主义认为是现代生态环境问题产生的重要原因。减少生态负荷、化解生态危机的出路之一就是改变人类当前的消费模式，倡导可持续的生态化的消费。当然，以适当节制欲望为前提的生态化消费，不会自动地成为人们首选的消费模式。"生活消费方式绿色化"需要有制度的支撑。通过制度的引导和约束，才能促使人们形成生态化消费习惯，减少人类消费对生态的负面影响。有利于促使生活消费方式绿色化的制度有：生态服务功能付费制度，包括燃油税、水污染税、空气污染税、垃圾税等在内的生态税制度，生态标志制度，消费者责任制度。

# 本 章 小 结

要想使生态伦理的导向和约束功能落到实处，必须将生态伦理制度化。伦理制度化具有导向功能、约束功能与维系功能，可以为道德建设提供一种制度安排的伦理环境，给人们提供道德价值的具体指向，从而促使主体做出合乎伦理的道德选择，构建起现实的道德人格。

生态伦理是社会道德进步的必然要求，生态伦理制度化是解决我国农村生态问题的实践途径，也是我国生态文明社会建设的必然要求。生态伦理制度化是将伦理道德上升为制度或法律的过程，因此，也就需要遵循制度或法律制定的基本原则，包括公开、公正、效率，从实际出发，原则性与灵活性相结合等原则。同时，我们要认识到生态伦理制度化也不能解决所有的生态环境问题，其作用与功能的发挥仍有阈限。如果过度依赖生态伦理制度化，就会削弱道德的应有功能，进而会遏制道德水平的提升与发展。如何平衡二者的关系，是一个在理论上需要深入探讨、在实践中需要认真解决的现实问题。

　　"生态伦理制度化"就是要把相对抽象的环境伦理要求以及道德目标具体化为一系列可操作的道德规范，使其物化为具有普遍性的强制约束力量的现实制度力量，从而形成生态伦理制度。生态伦理制度化的路径可以归纳为两种：一是生态伦理基本原则转化为政策和制度，二是生态伦理的要求渗透到已有的政治法律、经济科技、社会文化制度中，实现政治法律生态化、经济科技绿色化、社会文化生态化。

# 第六章　历史维度：我国乡村
# 生态治理的发展

党的十九大提出加快生态文明体制改革、建设美丽中国的基本方略，强调构建人与自然和谐相处的生命共同体。乡村不仅是我国政治和民生建设领域的重要组成部分，同时也是生态环境问题的重灾区，因此我国农村的生态文明建设与生态治理将成为全党的重要工作。当前，我国乡村人口大约为 5.42 亿人，约占全国总人口数量的 47.43%。如何保障乡村居民拥有生态宜居环境、解决严峻的乡村生态问题，成为加强乡村生态治理的首要任务。本章通过分析乡村生态治理的发展及其思想变迁过程，为更好地提出优化生态治理的应对方略、推进乡村生态治理的发展、实现人与自然的和谐共生作好历史研究和铺垫。

## 第一节　我国乡村生态治理的历史阶段

从党和国家主要领导人的讲话、国家政策性文件和法律法规中，可以发现我国生态治理以及乡村生态治理思想发展的脉络和实践进展。

### 一、探索阶段（1949—1978）：关注人口、资源、环境问题

自 1949 年中华人民共和国成立到 1978 年十一届三中全会召开，这一时期是我国农村生态治理的探索阶段。因为当时我国生态治理尚处于起步阶段，所以在生态治理中并没有具体划分农村和城市。中华人民共

和国成立后，以毛泽东为核心的党的第一代中央领导集体进行了中国特色社会主义生态治理的实践探索，不仅提出了生态治理的真知灼见，而且实践中进行了有益的探索。从毛泽东、刘少奇、周恩来等同志提出的一些有关生态治理的观点和主张，可以看出他们的生态保护观。

1. 毛泽东关于人口、资源、环境关系的认识与探索

1949 年后，毛泽东在领导中国建设中，提出保护森林、绿化祖国、兴修水利等农村生态治理观点。在生产大发展、向自然开战的时代背景下，他在 1956 年 1 月做出"在垦荒的时候，必须同保持水土的规划相结合，避免水土流失的危险"① 的指示。1956 年 3 月发出"绿化祖国"的号召；4 月指出"天上的空气，地上的森林，地下的宝藏，都是建设社会主义所需要的重要因素"。② 1958 年 8 月再次强调："要使祖国的河山全部绿化起来，要达到园林化，到处都很美丽，自然面貌要改变过来。"③ 1959 年提出"实行大地园林化"的奋斗目标。他重视水利建设，认为"水利是农业的命脉"，重视淮河、黄河、长江等大江大河的治理。由于受"向自然界开战"战略思维的影响，他一味强调人的主观能动性对自然的征服，从而忽视客观的自然规律，为 20 世纪 50 年代后期的"大跃进"、人民公社化、大炼钢铁、"文化大革命"等一系列运动的开展埋下了祸根，并带来了严重的生态灾难。

1949 年底，受苏联的影响，为了发展生产，我国采取鼓励生育的政策，人口数量大幅度增长。面对人口增长过快的态势，毛泽东提出人口要有计划地增长。1953 年的《农业发展纲要》首次写入了计划生育内容，并开始在一些地区试点计划生育。但由于社会原因，这一计划中断了。伴随着人口数量的增长，人口与资源之间的矛盾越来越突出，资

---

① 建国以来重要文献选编（第八册）[M]. 北京：中央文献出版社，1994：54.

② 毛泽东文集（第七卷）[M]. 北京：人民出版社，1999：34.

③ 毛泽东文集（第 5 卷）[M]. 北京：人民出版社，2001：183.

源短缺成为当时我国所面临的巨大难题，对此毛泽东提出要增加生产、杜绝浪费、节约资源、紧缩国家开支的主张。为了解决温饱问题和生产大发展，有些地方为了能多种植农作物不惜破坏森林湖泊；为了大力推动工业发展，甚至完全不顾及生态规律，导致我国环境污染和生态破坏越发严重。直到 70 年代，面对人口增长过快问题，毛泽东提出了要"有计划地生育"，并推动出台了《关于做好计划生育工作的报告》（1971 年）。

毛泽东的生态思想发展主要是从控制人口、植树造林、节约资源等方面入手，是将马克思主义生态观与当时的中国国情相结合形成的，代表了中华人民共和国成立初期我国的生态保护思想。

2. 周恩来对生态保护和污染治理的探索与推进

周恩来是我国环境保护工作的开创者和奠基者，他一直对生态治理十分重视。1950 年，他提出"林业工作为百年工作"的观点，在 1952 年和 1953 年，他相继做出了开展防旱抗旱运动并大力推行水土保持工作、开展造林育林护林工作的指示。这些指示将原则性的方针政策和具体的实施办法相结合，有力地推进了农村生态治理的实践。

由于 20 世纪 50 年代后期开始的"大跃进"、大炼钢铁、人民公社化、"文化大革命"等一系列政治运动，极大地破坏了生态环境，如城镇的工业"三废"任意排放，森林资源砍伐严重，很多自然生态景观受到严重破坏，环境质量恶化。1972 年一年间，大连、北京、松花江等地就发生了三起严重的水污染事件，水生生物大量死亡，也危害到人群健康。1972 年，我国参加了联合国人类环境会议。在国际环保潮流的影响下，我国直面环境污染问题，从而拉开了环境保护的序幕。在周恩来的推动下，国务院于 1973 年 8 月召开了第一次全国环境保护会议，会议审议通过了中国第一个全国性环境保护文件《关于保护和改善环境的若干规定（试行）》，大会通过了环境保护工作的总方针为"全面规划，合理布局，综合利用，化害为利，依靠群众，大家动手，保护环境，造福人民"；该规定第 1 条和第 2 条提出"做好全面规划，工业合理布局"；第 3 条"逐步改善老城市的环境"，要求保护水源，消烟除尘，治理城市"四害"，消除污染；第 4 条"综合利用，除害兴利"规定预防为主治理工业污染，要求努力改革工艺，开展综合利用，并明确规定"一切新建、扩建和改建企业，防治污染项目必须和主体工程同时设计、同时施工、同时投产"的"三同时"制度。这揭开了中国特色社会主义生态治理的序幕。

### 二、开拓阶段（1978—1989）：环境保护成为基本国策

十一届三中全会以来，以邓小平为核心的中共第二代中央领导集体带领全国人民从"站起来"到"富起来"。邓小平提出生态环境是经济发展的基础，不能以牺牲环境为代价发展经济。只有合理地开发自然资源、保护自然环境，经济才能长久持续地增长。要将生态保护与经济建设相结合，统筹兼顾协调发展。1979 年，我国首次将环境保护纳入法律体系，用法律的手段来推进对生态环境的保护，使生态治理从此有法可依，并建立完善生态体制，深入进行生态保护和治理工作。可以说，环境保护开始成为我国社会主义现代化建设的基本国策。

1978 年，我国作出了建设三北防护林体系建设工程的战略决策，还着力推进生态治理的法制化。1978 年通过的《中华人民共和国宪法》首次对环境保护作出了规定："国家保护环境和自然资源，防止污染和其他公害"，为我国的生态治理法制化奠定了宪法基础。同年底，我国第一次以党中央的名义对环境保护工作作出指示，批转的《环境保护工作汇报要点》指出要"防治污染，保护自然环境是搞好社会主义建设的重要保障，是社会主义现代化的重要内容，我们绝对不能走先污染、后治理的老路"。1979 年 9 月，《中华人民共和国环境保护法（试行）》的通过，标志着我国生态治理逐步走向法制化轨道。

农村生态治理上，以农业自然资源保护为重点。1985 年《中共中央关于制定国民经济和社会发展第七个五年计划的建议》指出："在一

切生产建设中，都必须遵守保护环境和生态平衡的有关法律与规定，十分注意有效保护和节约使用水资源、土地资源、矿产资源和森林资源，严格控制非农业占用耕地，尤其要注意逐步解决北方地区的水资源问题。大力种草、种树，逐步改变水土流失严重的状况和控制某些地区的沙化倾向，要把这些作为长期坚持的基本国策。"①

1982年至1986年连续五年，中共中央围绕"三农"问题发布了中央一号文件，对农村改革和农业发展作出部署。1982年的《全国农村工作会议纪要》提出，在充分发扬我国传统农业技术优点的基础上，广泛借助科学技术，走投资省、耗能低、效益高和有利于保护生态环境的道路。1983年《当前农村经济政策的若干问题》提出，森林滥伐、耕地减少、人口膨胀，是我国农村的三大隐患。因此要加强调查研究，有步骤地解决体制问题、政策问题和立法问题。合理利用自然资源，保持良好的生态环境。发动群众造林、护林，绿化祖国，增加植被，建设生态屏障。精耕细作、节能低耗、维持生态平衡等传统农业具有的优点也要传承和发扬。1984年《关于一九八四年农村工作的通知》提出要发展水产养殖，保护天然资源。鼓励种草种树，改良草场。1985年《关于进一步活跃农村经济的十项政策》提出，地区性合作经济组织，要积极办好水利、植保等服务项目，采取措施保护生态环境。小城镇的建设要注意避免盲目性，防止工业污染。1986年《关于一九八六年农村工作的部署》指出，要依靠科学，保持农业稳定增长。有关部门应于今年内制定：严格控制非农建设占用耕地的条例，以及水土保持和农村环境保护的具体措施。通过对1982—1986年的一号文件进行梳理，可以看出这一阶段的重点是保护农业自然资源，同时强调要注重农业科技攻关，减少对农业资源的破坏。

农村环境保护依法发展。1989年的《中华人民共和国环境保护法》

---

① 十一届三中全会以来重要文献选读（下） [M]. 北京：人民出版社，1987：943.

明确指出：“各级人民政府应当加强农村环境保护，防治土壤污染、土地沙化……”此法颁布后，部分省份在县区设立了县环保局，在发达乡镇设立环保办公室。同年，第三次全国环保大会提出了“谁污染谁治理、排污收费、地方首长环境负责制”等主张，这一阶段我国乡村环境保护工作开始有序化，乡镇企业污染得到了有效控制，生态农业开始试点并获得成功，乡村环境质量整体把控较好。

### 三、创新阶段（1989—2002）：可持续发展观

1989年6月党的十三届四中全会以来，以江泽民为核心的党的第三代中央领导集体吸收了可持续发展的理念，结合我国经济社会发展的实际情况，创新发展了生态治理理论。

1991年七届人大常委会第四次会议通过的《关于我国国民经济和社会发展十年规划和“八五”计划纲要》指出要坚定不移地实行环境保护的基本国策；要加强环保宣传，提高全民环保意识。1992年6月，我国政府向联合国环境与发展大会提交的《中华人民共和国环境与发展报告》，阐述了我国关于可持续发展的基本立场和观点。10月，中共十四大报告指出，20世纪90年代改革和建设的十大任务之一是：“不断改善人民生活，严格控制人口增长，加强环境保护。”[1] 1994年，我国政府制定并批准通过了《中国21世纪议程——中国21世纪人口、环境与发展白皮书》，系统地论述了经济、社会与环境的相互关系，构筑了一个实现人与自然和谐发展的可持续发展的战略框架。1995年9月，江泽民在《正确处理社会主义现代化建设中的若干重大关系》一文中，重点阐述了经济建设与人口、资源、环境的关系，指出：“在现代化建设中，必须把实现可持续发展作为一个重大战略。要把控制人口、节约资源、保护环境放到重要位置，使人口增长与社会生产力发展相适应，

---

① 江泽民文选（第一卷）[M].北京：人民出版社，2006：239.

使经济建设与资源、环境相协调，实现良性循环。"① 2002 年 11 月，中共十六大报告将 "可持续发展能力不断增强，生态环境得到改善，资源利用效率显著提高，促进人与自然的和谐，推动整个社会走上生产发展、生活富裕、生态良好的文明发展道路"② 作为全面建设小康社会的奋斗目标之一，这是可持续发展在理论和实践上的新突破，对推动我国生态治理具有重要意义。

可持续发展成为农村生态治理的指导思想。党和国家领导人认识到 "我国耕地、水和矿产等重要资源的人均占有量都比较低。今后，随着人口的增加和经济的发展，对资源总量的需求更多，环境保护的难度更大。必须切实保护资源和环境，不仅要安排好当前的发展，还要为子孙后代着想，决不能吃祖宗饭，断子孙路，走浪费资源和先污染、后治理的路子。要根据我国国情，选择有利于节约资源和保护环境的产业结构和消费方式。坚持资源开发和节约并举，克服各种浪费现象。综合利用资源，加强污染治理"。③ 正是因为有这种理性认识，我国农村生态的可持续发展才成为可能。进入 90 年代，我国农村环境问题也逐步浮出水面，乡镇企业的发展模式与村村开店、户户冒烟的局面导致生态严重恶化，在乡镇企业的集中地带苏南地区，环境恶化状况更加剧烈。④ 1996 年 7 月，国家环保总局明确指出 "环境污染在向农村蔓延"，防治乡村环境污染、改善乡村环境成为我国环境保护的重要任务。1997 年 8 月，江泽民作了 "再造一个山川秀美的西北地区"⑤ 的重要批示。1999 年我国颁布了《国家环境保护总局关于加强农村生态环境保护工作的若干意见》，提出农村生态环境保护是环境保护工作的重要组成部

---

① 　江泽民文选（第一卷）［M］. 北京：人民出版社，2006：463.
② 　江泽民文选（第三卷）［M］. 北京：人民出版社，2006：544.
③ 　江泽民文选（第一卷）［M］. 北京：人民出版社，2006：463-464.
④ 　洪大用. 社会变迁与环境问题——当代中国环境问题的社会学阐释［M］. 北京：首都师范大学出版社，2001：36.
⑤ 　江泽民文选（第一卷）［M］. 北京：人民出版社，2006：660.

分，是改善区域环境质量的重要措施。

**四、发展阶段（2002—2012）："全面、协调、可持续"、"人与自然和谐"的生态文明社会**

2002 年我国生态治理进入发展新阶段。2003 年 10 月中共十六届三中全会提出"坚持统筹兼顾，坚持以人为本，树立全面、协调、可持续的发展观，促进经济社会和人的全面发展"。① 2005 年 2 月，胡锦涛指出：社会主义和谐社会，应该是民主法治、公平正义、诚信友爱、充满活力、安定有序、人与自然和谐相处的社会。可以看出，全面、协调、可持续发展是我国的基本发展观，人与自然和谐的社会成为我国社会建设的基本目标。面对资源、环境对我国全面协调可持续发展的约束，2005 年，党中央提出建设资源节约型、环境友好型社会的战略目标。同年 7 月，国务院颁布了《关于加快发展循环经济的若干意见》，加快推进资源节约型、环境友好型社会建设。

2007 年召开的中共十七大首次明确提出了"建设生态文明"，并且将其纳入全面建设小康社会的总目标中。报告提出我国社会发展的基本目标之一是到 2020 年"建设生态文明，基本形成节约能源资源和保护生态环境的产业结构、增长方式、消费模式。循环经济形成较大规模，可再生能源比重显著上升。主要污染物排放得到有效控制，生态环境质量明显改善。生态文明观念在全社会牢固树立"。② 自此，生态文明社会建设成为我国社会发展的重要指导思想，我国开始了生态文明建设的历程。2012 年 9 月十六届六中全会通过的《中共中央关于构建社会主义和谐社会若干重大问题的决定》将"资源利用效率显著提高，生态环境明显好转"作为构建社会主义和谐社会的目标和主要任务之一，

---

① 中国共产党十六届三中全会公报（全文）［EB/OL］. （2003-10-14）. http：//news. sina. com. cn/c/2003-10-14/21231921305. shtml.

② 胡锦涛在中国共产党第十七次全国代表大会上的报告（全文）［EB/OL］. （2007-10-24）. http：//news. sina. com. cn/c/2007-10-24/205814157282. shtml.

在具体部署中提出"要加强环境治理保护，促进人与自然相和谐"。

这一时期，我国农村生态文明建设和生态治理也大规模开展。党和国家的重要文件中涉及农村发展和农村生态治理的内容越来越多。2004年《中共中央国务院关于促进农民增加收入若干政策的意见》提出，建设小流域治理、改水改厕和秸秆气化等各种小型设施。有条件的地方，要加快推进村庄建设与环境整治。要搞好生态建设，在注重实效的前提下统筹安排生态工程，即退耕还林还草工程、湿地保护工程以及天然林保护工程。2005年后我国进入了乡村环境保护的科学发展阶段。中央颁发的《关于进一步加强农村工作提高农业综合生产能力若干政策的意见》，提出应加强农田水利和生态建设，坚持不懈搞好生态重点工程建设，推动农村环境卫生综合治理。2005年通过的《中共中央关于制定国民经济和社会发展第十一个五年规划的建议》将资源节约型、环境友好型社会建设确定为一项战略任务，并首次提出进行社会主义新农村建设，把"生产发展、生活宽裕、乡风文明、村容整洁、管理民主"作为其目标。

2006年我国在"建设社会主义新农村"专项工作中，提出要着力改善乡村面貌，发展现代农业。"社会主义新农村建设"工作的全方位启动，为我国乡村环境治理以及环境保护提供了切实有效的保障。乡村环保工作首次列入我国政府公共财政支出范畴中，乡村环保资金主要是中央投入，这为乡村环保建设提供了充足的资金来源。同年《关于推进社会主义新农村建设的若干意见》提出，要按照建设环境友好型社会的要求，切实搞好退耕还林、天然林保护等重点生态工程。加快发展循环农业，大力加强农田水利、耕地质量和生态建设，加强村庄规划和人居环境治理。

2007年，面对乡村生态退化尚未得到有效遏制的严峻形势以及环境污染与生态系统破坏双重压力的现状，国务院办公厅印制了《关于加强农村环境保护工作的意见》，指出必须要加快乡村环保工作，保护乡村环境实际上就是保护生产力。2007年《关于积极发展现代农业扎实推进社会主义新农村建设的若干意见》提出要鼓励发展循环农业、生态农业，加强农村环境保护，加快发展农村清洁能源；要加快实施乡村清洁工程，对于人畜粪便、农作物秸秆、生活垃圾和污水，既要综合治理，又要转化利用。

2008年，乡村环境保护和生态治理成为解决我国"三农"问题的重要举措。加大力度处理乡村地区的环境问题，构建生态文明的现代化乡村，成为乡村工作的重点。2008年7月，全国农村环保工作会议首次召开，会议提出将乡村环境保护工作放到更重要的位置，要进行乡村环境综合整治。中央财政设立关于乡村环境保护的专项基金，实行"以奖促治"的政策，扶持各地区、省市开展乡村环境综合整治，加快解决问题的步伐。对于群众反映强烈、严重影响村民生活质量、危害村民健康的突出环境问题，要严治不贷。中央财政逐年增加对乡村环境保护工作的资金投入，支持数千个村镇开展生态建设示范，开展乡村环境连片治理，解决乡村面源污染和污染区域集中化等问题。实践证明"以奖促治"这一政策有效地改善了乡村环境，是一项顺应民意、利国利民的惠民政策。

农业农村污染治理以及环境综合整治，成为农村环境治理的重点。2009年的《关于促进农业稳定发展农民持续增收的若干意见》提出，推进生态重点工程建设，支持农业农村污染治理。2010年《关于加大统筹城乡发展力度进一步夯实农业农村发展基础的若干意见》提出，构筑牢固的生态安全屏障，发展循环农业和生态农业，稳步推进农村环境综合整治，改善农村人居环境。在政策激励方面实行以奖促治政策，在面源污染方面搞好垃圾、污水处理，在小河小渠方面试点进行农村排水、河道疏浚，在防范外来污染方面强调采取有效措施防止城市、工业污染向农村扩散。2011年《关于加快水利改革发展的决定》提出，实施农村河道综合整治，大力开展生态清洁型小流域建设。2012年《关于加快推进农业科技创新持续增强农产品供给保障能力的若干意见》提出要加快农村污水、垃圾处理，改善农村人居环境。

在这一个十年，在以人为本、全面协调可持续发展以及生态文明建设思想的指引下，我国农村生态综合治理开始起步，农村人居环境得到明显改善。

### 五、深化阶段（2012—　），全面推进生态文明建设

2012 年 11 月中共十八大以来，我国开始全面进行生态文明建设。面对污染严重、资源紧张、生态退化的严峻形势，2012 年 11 月的中共十八大报告明确提出："必须树立尊重自然、顺应自然、保护自然的生态文明理念，把生态文明建设放在突出地位，融入经济建设、政治建设、文化建设、社会建设各方面和全过程，努力建设美丽中国，实现中华民族永续发展。"[1] 十八大报告为中国特色社会主义生态治理指明了方向。2013 年 11 月，在中共十八届三中全会通过的《中共中央关于全面深化改革若干重大问题的决定》中，首次明确提出"推进国家治理体系和治理能力现代化"的目标。要"紧紧围绕建设美丽中国深化生态文明体制改革，加快建立生态文明制度，健全国土空间开发、资源节约利用、生态环境保护的体制机制，推动形成人与自然和谐发展现代化建设新格局。""建设生态文明，必须建立系统完整的生态文明制度体系，实行最严格的源头保护制度、损害赔偿制度、责任追究制度，完善环境治理和生态修复制度，用制度保护生态环境。"[2] 生态文明建设成为美丽中国建设的重中之重。十八大报告不仅将生态文明建设纳入中国特色社会主义事业总体布局，而且提出了"努力建设美丽中国，实现中华民族永续发展"的奋斗目标，将建设美丽中国作为中国梦的重要内容。

2017 年，十九大报告将坚持人与自然和谐共生作为新时代中国特色社会主义建设的基本方略。报告指出："建设生态文明是中华民族永

---

① 本书编写组．十八大报告辅导读本［M］．北京：人民出版社，2012：39.

② 中共中央关于全面深化改革若干重大问题的决定［EB/OL］．（2013-11-15）．http：//www.gov.cn/jrzg/2013-11/15/content_2528179.html.

续发展的千年大计。必须树立和践行绿水青山就是金山银山的理念，坚持节约资源和保护环境的基本国策，像对待生命一样对待生态环境，统筹山水林田湖草系统治理，实行最严格的生态环境保护制度，形成绿色发展方式和生活方式，坚定走生产发展、生活富裕、生态良好的文明发展道路，建设美丽中国，为人民创造良好生产生活环境，为全球生态安全作出贡献。"①

在全面推进生态文明建设的背景下，我国乡村生态治理也全面展开。2013 年《中共中央、国务院关于加快发展现代农业进一步增强农村发展活力的若干意见》（一号文件），把城乡发展一体化作为解决"三农"问题的根本途径。提出要推进农村生态文明建设，加强农村生态建设、环境保护和综合整治，努力建设美丽乡村。指出要搞好农村垃圾、污水处理和土壤环境治理，实施乡村清洁工程。2014 年《中共中央、国务院关于全面深化农村改革加快推进农业现代化的若干意见》（一号文件）提出，要促进生态友好型农业发展，开展农业资源休养生息试点，加大生态保护建设力度。开展村庄人居环境整治。落实最严格的耕地保护制度、节约集约用地制度、水资源管理制度、环境保护制度，强化监督考核和激励约束机制。

2015 年《中共中央、国务院关于加大改革创新力度加快农业现代化建设的若干意见》（一号文件）提出，要加强农业生态治理。要善于运用法治思维和法治方式做好农村生态保护工作，全面推进农村人居环境整治。要健全"三农"支持保护法律制度，健全农业资源环境法律法规，依法推进耕地、水资源、森林草原、湿地滩涂等自然资源的开发保护，制定完善土壤、水、大气等污染防治法律法规。建立健全规划和建设项目水资源论证制度、国家水资源督察制度。建立健全农业生态环境保护责任制，加强问责监管，依法依规严肃查处各种破坏生态环境的

---

① 习近平：决胜全面建成小康社会　夺取新时代中国特色社会主义伟大胜利——在中国共产党第十九次全国代表大会上的报告［EB/OL］. 人民网，http：//cpc. people. com. cn/19th/n1/2017/1027/c414395-29613458. html.

行为。2015年"一号文件"再次强调，全面推进农村人居环境整治，鼓励各地从实际出发开展美丽乡村创建示范。

2016年《中共中央、国务院关于落实发展新理念加快农业现代化实现全面小康目标的若干意见》（一号文件）提出，要加强资源保护和生态修复，推动农业绿色发展。加强农业资源保护和高效利用，加快农业环境突出问题治理，加强农业生态保护和修复。开展农村人居环境整治行动和美丽宜居乡村建设。基本形成改善农业环境的政策法规制度，坚持最严格的耕地保护制度，落实和完善耕地占补平衡制度，落实最严格的水资源管理制度。2016年"一号文件"提出，要进一步开展农村人居环境整治行动和美丽乡村建设。在2016年召开的全国环境保护工作会议上，习近平总书记提出要坚持"两山论"和绿色发展理念。"两山论"进一步为我国农村生态环境保护提供了理论依据，绿色发展为我国农村发展和生态保护提供了可行的路径。

2017年十九大报告中对农村生态治理进行了专门论述，提出"加快水污染防治，实施流域环境和近岸海域综合治理。强化土壤污染管控和修复，加强农业面源污染防治，开展农村人居环境整治行动"。[1] 在生态系统保护方面，"实施重要生态系统保护和修复重大工程，优化生态安全屏障体系，构建生态廊道和生物多样性保护网络，提升生态系统质量和稳定性。完成生态保护红线、永久基本农田、城镇开发边界三条控制线划定工作。开展国土绿化行动，推进荒漠化、石漠化、水土流失综合治理，强化湿地保护和恢复，加强地质灾害防治。完善天然林保护制度，扩大退耕还林还草。严格保护耕地，扩大轮作休耕试点，健全耕

---

① 习近平. 决胜全面建成小康社会 夺取新时代中国特色社会主义伟大胜利——在中国共产党第十九次全国代表大会上的报告 [EB/OL]. 人民网，http: // cpc. people. com. cn/19th/n1/2017/1027/c414395-29613458. html.

地草原森林河流湖泊休养生息制度，建立市场化、多元化生态补偿机制"。① 构建系统化、规范化、现代化的农村生态环境治理体系，加快建设美丽乡村和美丽中国。习近平在十九大报告中，还首次提出了乡村振兴战略，生态宜居是乡村振兴战略的要求之一。

2017 年乡村振兴战略提出后，国家针对乡村发展中的关于土地、产业、生态治理等热点问题，陆续出台了系列政策。2017 年《关于深入推进农业供给侧结构性改革加快培育农业农村发展新动能的若干意见》提出，推行绿色生产方式，推进农业清洁生产，集中治理农业环境突出问题，加强重大生态工程建设。深入开展农村人居环境治理和美丽宜居乡村建设。垃圾治理方面，强调要推进农村生活垃圾治理专项行动，促进垃圾分类和资源化利用。改水改厕方面，强调选择适宜模式开展农村生活污水治理，加大力度支持农村环境集中连片综合治理和改厕。2018 年，相关的政策还包括：国土资源部印发的《关于严格核定土地整治和高标准农田建设项目新增耕地的通知》，《关于全面实行永久基本农田特殊保护的通知》等。

2018 年 5 月 18 日至 19 日在北京召开的全国生态环境保护大会上，习近平发表了重要讲话。他强调，要加大力度推进生态文明建设，解决生态环境问题，坚决打好污染防治攻坚战，推动我国生态文明建设迈上新台阶。自此，我国乡村生态治理也迈上了新台阶。

## 第二节　我国生态治理思想变迁

自 1949 年以来，我国就开始了生态治理以及农村生态保护的探索。在探索中呈现出从单一的污染防治到综合的生态治理的转变、从初步资

---

① 习近平. 决胜全面建成小康社会　夺取新时代中国特色社会主义伟大胜利——在中国共产党第十九次全国代表大会上的报告［EB/OL］. 人民网，http：//cpc. people. com. cn/19th/n1/2017/1027/c414395-29613458. html.

源环境保护到全面生态文明建设的发展的特点；农村生态环境保护也经历了从污染防治、人居环境整治等到全面乡村振兴的发展。这些探索和实践，极大地推进了我国生态现代化的进程。

## 一、由封闭的单一治理模式到开放的多元的生态治理模式

"治理"一词在 21 世纪后成为中国学术界的重要词语。它首先被经济学家引入，其后相继被政治学家和社会学家采用，分别指政府治理或公共治理。在众多的定义中，全球治理委员会对治理所作的界定具有代表性和权威性。治理是综合各种公共的或私人的机构管理其共同事务的诸多方式，使相互冲突的或不同的利益得以调和并且采取联合行动的持续的过程。它既有强制性，如有权迫使人们服从的正式制度和规则；也有自愿性，即包括各种人们同意或以为符合其利益的非正式的制度安排。它有四个特征：过程（不是一整套规则，也不是一种活动）、协调（治理过程的基础不是控制）、全域（既涉及公共部门，也包括私人部门）和互动（不是一种正式的制度）。由此推论，生态治理则是指由各种公共的或私人的机构建立一系列的生态环境合作关系，通过制定并依据一定的准则与规范，从不同层面上对生态环境问题进行管理，以改善生态环境和促进人类可持续生存与发展。

### 1. 传统封闭的单一治理模式

单一治理模式主要是某种单一的社会主体采用多种治理方式来进行社会管理的模式。我国自 20 世纪 70 年代以来基于对生态治理的探索，相继出台了多部法律法规，在制度上为生态环境治理提供了保障。受政治体制和国家管理模式的制约，我国从那时起便形成了一种以党委领导为核心、政府为单一主体、以污染控制为基本目标的政府主导型的生态环境治理模式。

这种治理模式在环境保护的各个领域发挥过巨大的作用，但也存在诸多问题：企业参与环境治理的主体性地位丧失；居民无法有效参与到

生态治理之中；社会组织也被压缩在环境治理的边缘。治理主体只有政府，对应我国人口众多、国土广袤的状况，就会存在政府资金投入大收益小、民众对于生态保护参与度不高、不能切身体会到破坏生态环境的严重后果等问题。污染源多且分散，但治理主体单一，最终的结果就是对生态环境的修复和保护远赶不上破坏的速度，生态治理效率逐渐降低。随着社会的进步，生态问题愈加复杂。由于市场和政府在生态治理过程中的双失灵，单一治理主体的模式已经不能处理好我国的生态环境问题。政府开始寻求与社会各界的合作交流，通过协调沟通引导更多的社会主体参与到生态治理中，生态治理正在由单中心治理向多元化转变。

## 2. 构建开放的多元治理模式

生态治理的系统性、复杂性、跨界性和动态性以及人类行为及其利益的多样性使得生态治理需要寻求一种能够包含政府和市场在内的"多元治理模式"。在这里多元治理模式不再以政府或者市场为唯一的治理主体，而是根据当时当地的具体生态治理实践构建与其相适应的治理主体及其相互协调机制。多元治理模式能够充分发挥个体生态环境治理的潜能，这包括生态治理的相关知识及技能。

在生态治理的多元主体中，最核心的主体依然是政府。政府作为生态治理的核心行动者，是生态治理的第一"责任人"，有义务为公民提供良好的生存环境。而公民作为生态环境问题的承受者，也是推动生态治理的关键力量，与生态治理息息相关，更是多元主体的重要部分。随着公民生态环保意识的提高，参与治理的热情也不断高涨。根据国内外生态治理的经验，公众可以主动参与到对生态环境污染行为的监管中去，也可以督促和监督政府环保部门的生态治理的全过程。企业作为生态环境污染的主要"生产者"，必须承担必要的生态治理责任而成为重要的生态治理主体。企业一方面为地方经济社会的发展提供重要的原动力，另一方面也对地方的生态环境带来巨大的污染和破坏。政府通过税收和行政强制等手段，推动企业节能转型，并承担自身的生态治理责任。另外还包括一些公益组织，它们或是具备专业的环保知识，或是具备先进的科技设备，能够为生态治理提供技术和宣传上的支持，为我国生态建设尽一份力。

包括公民在内的多元主体参与到生态治理中，一定程度上得益于政府的大力宣传教育，促使公民的生态意识觉醒。多元主体协同的生态治理需要构建政府领导和政府、企业、社会组织和公众多元共治的协同机制。在新的时期，结合现状做出相应的调整，探索符合我国国情的生态治理模式，对促进我国生态治理的转型发展具有重要意义。

## 二、从单一污染防治到综合生态治理

1949 年中华人民共和国成立后，我国开始了大规模的社会主义建设。党和国家认识到人口、资源、环境对经济发展的影响，并对人口与环境、自然资源之间的关系进行了相应的探索。

### 1. 从消除污染到污染综合防治

进入 1970 年代，消除污染是生态治理的重点。70 年代，我国除生态退化之外，还出现了环境污染问题。在国际环境保护的潮流影响下，1973 年，国务院召开了第一次全国环境保护会议，大会通过了环境保护工作的总方针并制定了十条政策性措施，确立了新建、改建、扩建项目，防止污染和其他公害的设施，必须与主体工程"同时设计、同时施工、同时投产"的"三同时"制度。消除污染，是这一时期环境保护重点关注的问题。各地开展了以水、气污染治理和"三废"综合利用为重点的环保工作。1978 年 12 月 31 日，中共中央批准了《环境保护工作汇报要点》，指出："消除污染，保护环境，是进行社会主义建设，实现四个现代化的一个重要组成部分……我们绝不能走先建设、后治理的弯路。我们要在建设的同时就解决环境污染的问题。"这是第一次以党中央的名义对环境保护作出的指示，推动了中国环保事业的发展。

1983 年 12 月 31 日至 1984 年 1 月 7 日在北京召开的第二次全国环境保护会议，将环境保护确定为中国现代化建设中的一项基本国策。会议提出了符合国情的三大环境政策，即"预防为主、防治结合、综合治理"、"谁污染谁治理"、"强化环境管理"。这一时期，预防为主、防治结合、综合治理成为污染治理的主要思想。

1989 年 4 月底至 5 月初在北京召开了第三次全国环境保护会议，会议明确提出："努力开拓有中国特色的环境保护道路。"大会总结确定了三类有中国特色的八项环境管理制度：①环境影响评价、"三同时"制度。这两项制度结合起来形成防止新污染产生的两个有力的制约环节，保证经济建设与环境建设同步实施，达到同步协调发展的目标。②排污收费、排污申报登记及排污许可证制度，污染集中控制，以及限期治理制度。③环境目标责任制、城市环境综合整治定量考核制度。

## 2. 从污染综合防治到可持续发展

1992 年联合国环境与发展大会在里约热内卢召开，促使世界进入可持续发展时代。实施可持续发展战略成为世界各国的共识，我国于 1996 年 7 月在北京召开了第四次全国环境保护会议，大会提出要将可持续发展战略摆在我国社会主义现代化建设的重要位置。江泽民同志指出：环境保护是关系我国长远发展和全局性的战略问题。在加快发展中绝不能以浪费资源和牺牲环境为代价。并强调要做好 5 个方面的工作：一是节约资源，二是控制人口，三是建立合理的消费结构，四是加强宣传教育，五是保护自然生态。第四次全国环保会议后，国务院发布了《国务院关于环境保护若干问题的决定》，明确规定了水污染、大气污染等污染防治的重点区域以及相应的目标。1999 年 3 月在北京召开"中央人口资源环境工作座谈会"，对可持续发展战略进行了进一步的部署。会议指出必须在保持经济增长的同时，控制人口增长，保护自然资源，保护良好的生态环境。

2002 年 1 月 8 日，第五次全国环境保护会议召开。会议的主题是贯彻落实国务院批准的《国家环境保护"十五"计划》，部署"十五"期间的环境保护工作。国务院总理朱镕基在会上指出，保护环境是我国的一项基本国策，是可持续发展战略的重要内容，直接关系现代化建设的成败和中华民族的复兴。他还提出了当前落实可持续发展的重点工作和主要制度措施。

2006 年 4 月 17—18 日在北京召开了第六次全国环境保护大会，会议提出了推动经济社会全面协调可持续发展的方向。温家宝总理在讲话中强调：做好新形势下的环保工作，要加快实现三个转变，即从重经济增长轻环境保护转变为保护环境与经济增长并重；从环境保护滞后于经济发展转变为环境保护和经济发展同步；从主要用行政办法保护环境转变为综合运用法律、经济、技术和必要的行政办法解决环境问题。①

这一阶段，可持续发展成为我国的基本国策，也成为生态治理的指导思想。生态治理中强调环境保护与经济增长并重，与经济发展同步，强调综合运用法律、经济、技术和必要的行政办法解决环境问题。

### 3. 从可持续发展到全面生态文明建设

生态治理是生态文明的核心内容之一。"生态文明的核心内容就是，在健康的政治共同体中，政府与社会中介组织，或者民间组织，将公共利益作为最高诉求，通过多元参与，在对话、沟通、交流中，形成关于公共利益的共识，做出符合大多数人利益的合法决策。这种多元参与、良性互动、诉诸公共利益的和谐治理形式，就是生态治理。"② 如

---

① 温家宝总理在第六次全国环境保护大会上的讲话 [EB/OL]. 新华网，http：//www. gov. cn/ldhd/2006-04/23/content_261716_2. htm.

② 薛晓源，陈家刚. 从生态启蒙到生态治理——当代西方生态理论对我们的启示 [J]. 马克思主义与现实，2005（4）：18.

何在社会各主体中形成共识，集中他们的力量，进行生态治理，有一个探索的过程。

自 2012 年中共十八大以来，我国开始全面进行生态文明建设。我国开始从文明的高度对生态环境保护与文明的关系进行思考，提出"五位一体"的生态文明社会建设，为我国生态治理指明了方向。2017年，十九大报告将"坚持人与自然和谐共生"作为新时代中国特色社会主义建设的基本方略。生态文明社会建设的全面推进，必将为我国生态治理提供重要的保障。

# 本 章 小 结

中华人民共和国成立 70 年来，我国在如何处理经济发展、社会进步与环境保护之间的关系上进行了不懈的探索。我国在生态治理方面也积累了一些经验，探索出了一条具有中国特色的生态治理之路。

我国乡村的生态治理，也经历了从关注污染治理到环境综合整治、从关注自然资源保护到发展可持续生态、从单一的环境治理到综合的乡村振兴的过程。生态治理是生态文明建设的重要内容。乡村振兴为乡村生态治理提供了重要的契机和保障，美丽中国建设的宏伟目标为乡村生态治理指明了方向。

# 第七章　经验维度：国外乡村
# 生态治理的经验

环境污染与生态破坏等现代环境问题是伴随着现代工业大发展而产生的。西方发达国家现代化和工业化进程比较早，为解决环境问题而进行的生态治理也相对较早，在农村生态治理方面积累了丰富的经验。相比较而言，我国农村生态治理工作起步较晚。尽管与其他国家的经济发展状况和水平不同，与欧美等西方发达国家在社会、法律、文化上存在较大差异，但是这些国家在农村生态治理领域取得的先进经验，对我国农村生态治理仍具有非常重要的借鉴意义。

## 第一节　美国、法国、日本、韩国乡村
## 生态治理的做法和经验

美国、法国、日本、韩国等国家在制定环境发展战略目标、构建生态政策法规体系等方面都有深入的探索和研究，在乡村生态治理方面积累了比较多的经验。

### 一、美国、法国：以生态农业发展为龙头的乡村生态治理

20世纪六七十年代，随着《寂静的春天》以及《增长的极限》等书的出版问世，国际社会开始逐渐认识到人类活动已经给农业发展和农村生态环境带来了严峻的考验。随着环境保护呼声的日益提高，西方发

达国家纷纷把乡村生态治理提上了日程。1972 年联合国在瑞典首都斯德哥尔摩召开了联合国人类环境会议，会议通过的《人类环境宣言》可以说是拉开了国际生态治理的大幕。次年 1 月，联合国成立了负责生态环境治理的核心机构——联合国环境规划署，以推动生态治理的国际行动。这也为各国的乡村生态治理开辟了道路，美国和法国率先进行了乡村生态治理的探索。

## （一）法国：以 "生态农业" 带动乡村生态发展

法国被誉为 "欧洲的中国"，与中国有很多相似之处。历史上法国曾是欧洲大陆封建专制的典型，乡村经济以小农经济为主，民众具有深厚的乡土情结。作为欧洲的农业大国，在其农村现代化过程中曾出现过一系列与中国乡村发展相似的问题。中国和法国相似，小农经济是农村经济的基础；经济管理上 "中央集权" 性较强，政策贯彻力度大，计划指导性强。

### 1. 法国乡村生态保护与发展的实践

法国是经济强国和农业发达国家，具有良好的农业生产自然环境。2005 年，法国农业就业人口为 875200 人，占全国就业人口比重的 3.6%。2004 年，法国农业产值（包括农食品行业）约占国内生产总值的 3.9%；1980 年，这个比重约为 7%。"在新世纪的 2016 年，法国生态农业用地约 150 万公顷，占整个法国农业用地面积的 5.7%。"①

由于自然条件的差异以及历史原因，导致法国东西部地区经济发展严重不均衡，20 世纪 50 年代中期国民经济全面进入高涨阶段后，这种不平衡问题越发严重。东部的内陆地区被称为 "富裕的工业法国"，而西部欠发达地区被称为 "贫穷的农业法国"。这种经济发展的不均衡状

---

①　李光胜. 法国生态农业的成功经验和启示［J］. 中共合肥市委党校学报，2018（4）：35.

态也导致了法国城乡间的贫富差距越来越大。二战后的 30 年，法国快速完成了工业化、农业现代化和城市化，而且三者是同步进行的。法国乡村建设的长足进步始于二战后至 20 世纪 70 年代末期（这段时间被称为法国的"光辉 30 年"），这段时期，法国高速实现了农业现代化，成为世界上农业最发达的国家之一。这种快速现代化进程也快速改变着法国的乡村环境，出现了很多环境问题。例如城市快速向外蔓延和扩张，侵占了大量自然空间和农田用地；乡村地区独特的景观遭到破坏；环境也因杀虫剂的大量使用受到污染等。为了改变农村发展和生态状况，法国采取了系列措施。

第一，出台系列乡村复兴和生态保护政策。为了改善乡村地区经济落后、无序发展的现象，也为了保护农村生态，法国在"光辉 30 年"期间，出台了一系列乡村政策，并取得了较好效果。按内容来看主要有法国农业现代化政策、法国乡村土地政策、法国乡村发展政策、法国农业补贴政策这四个方面。① 其中乡村土地政策的主要目的是鼓励土地集中，但同时规定土地不能过于集中，而且要协调城市发展和乡村空间保护的关系。乡村发展政策主要目的是改善乡村基础设施条件，积极发展非农经济，促进乡村薄弱地区发展，以及保护乡村生态环境。

第二，建立区域自然公园。区域自然公园是法国为促进乡村经济发展和环境保护而采取的一项主要举措，它致力于乡村地区的保护与管理，保护乡村地区境内的生物多样性，保护及稳定自然资源、景观、独特但又脆弱的场地，稳定并赋予乡村地区文化遗产活力。截止到 2015 年，法国共建立了 51 个区域自然公园。

第三，制定农村农业发展规划，发展可持续农业。2005 年 9 月，法国公布了国家农业发展规划。这项规划是我们了解法国当前的农业发展状况、政府的农业发展以及农村生态保护政策的一份比较全面的资

---

① 王心怡. 法国区域自然公园研究及对我国乡村保护的经验借鉴 ［D］. 北京林业大学，2016：16.

料。规划的部分内容涉及未来法国农业发展战略，如发展持续发展的农业，发展林业资源，均衡使用土地，防止经济不协调，保护和开发生态农业等。

第四，发展生态农业。随着环保理念的发展以及市场对生态农产品需求的快速增长，法国农业逐步走上了生态发展之路。生态农业也被称为自然农业、有机农业，它是在吸收传统农业精华的基础上，综合现代科学技术和管理手段，用洁净的生产方式生产洁净产品的农业。它以保护和改善农业生态环境为核心，是生态和经济良性循环的可持续发展的农业。生态农业有效地实现了环境可持续发展和经济利益最大化的有机结合，是乡村振兴与生态保护的一个有效途径。

法国生态农业在 20 世纪 30 年代就有了雏形，二战后生态农业组织发展起来，80 年代"生态农业"写入法律并逐渐普及。1931 年，部分法国农民自发采用有机肥料来提高土壤肥力，种植出优质小麦，生态农业雏形开始出现。20 世纪 30—40 年代，法国生态农业的倡导者积极与瑞士生态农业联合会和英国土壤协会等组织保持沟通和交流，向国外学习生态农业发展的成功经验。1958 年，第一个生态农业组织诞生于法国西部；1961 年 6 月，法国成立了生态农业协会，积极推动了生态农业的发展；20 世纪 70 年代末，法国又相继成立了国家生态农业生产协会和国家生态农业企业协会。1981 年，法国正式将生态农业相关标准写入法律；1985 年 3 月又制定法律规定，出台生态农业标识，生态农业由此走上了发展的快车道。2009 年 1 月 1 日，欧盟实施有机（生态）农业新规则（EU834/2007），对于生产、加工、标识、验证、有机产品进口等做出更严格的规范。法国除执行此规则外，还就原产地、监管等方面实施更为严苛的法国标准。同年 7 月通过的新环保法案为法国生态农业的发展确立了方向：在农业领域，争取到 2020 年将种植生态农产品的农田比重提高到 20%，并从税收方面为生态农业提供优惠。20 世纪 90 年代，法国陆续制定了 20 余个生态农业标签的技术指标。2014年 9 月，法国的《未来农业法》将推广"生态农业"写入法律，这是

"有机农作物"和"生态农业"概念在法国已经步入普及阶段的标志。截至 2016 年末，生态农业占地约 150 万公顷，占法国农业用地面积的 5.7%。可见法国生态农业已经从"尝鲜"逐步走向普及。

## 2. 法国生态农业的启示

生态农业是未来农业发展的方向，法国在发展生态农业方面的成功经验给我国发展乡村农业提供了很好的启示。

一是政府确定生态农业发展规划并以政策进行引导。制定生态农业长期发展规划和促进生态农业的法律，是法国的经验。于 1980 年 7 月出台的《农业发展指导法》，为法国生态农业的发展奠定了制度基础。1997 年 12 月法国农业部推出的《生态农业发展计划》，推动了法国农业向生态农业转型。政府在发展规划方面的积极作为使法国始终处于欧盟生态农业的领先地位。

二是成立专门机构，从管理体制上综合推进生态农业。2001 年，法国成立了生态农业发展和促进署，主要职能是保持与相关机构的密切联系（如发展生态农业相关的公共组织、行业协会、研究机构、销售公司、环保组织、消费者保护机构等单位），跟踪评估生态农业发展状况，促进有关信息的交流和协调。

三是制定高标准和前瞻性的技术指标。20 世纪 90 年代，法国先后制定了 20 余个生态农业标签的技术指标，对生产中可以使用的物质、农产品的保存和加工等进行了规定。技术指标的高标准和前瞻性，使法国生态农业产品不仅获得了良好的口碑，也占据了行业发展标准高地。2009 年，欧盟出台的生态农业的标识及技术指标就是以法国 AB 标识及相关技术指标为蓝本的。

四是专项配套资金的投入。法国设立了生态农业未来发展基金以推动生态农业发展，该专项基金自 2007 年起由法国生态农业发展和促进署负责管理。在 2008—2012 年 5 年间，该基金每年投入 300 万欧元，计划实现生态农业种植面积翻三番。由于实施效果良好，2013 年启动新一个五年计划中，该基金每年投入金额追加至 400 万欧元，推动法国有机农业在生产领域的结构调整。

## （二）美国：以"生态农业"带动农村生态保护与发展

相对中国而言，美国有着得天独厚的自然地理条件和自然资源条件，而且气候湿润，平原多，荒漠少，国土中适宜耕作的面积比例高达 90%，平原面积比例达 70% 以上，人口密度及人口分布合理。可以说，美国人少地多，这是乡村的生态问题在可控范围内的重要原因。美国乡村土壤污染、农业用地的减少以及垃圾污染等环境问题，经过一系列治理措施的采用，目前已经处于工业化后期生态恢复阶段。

### 1. 农药、化肥污染的治理

二战后，为了提高土地的农业产出率，美国的农业化学化进程快速推进，农用化学品大量使用。自 1960 年起，美国的除草剂使用量迅速增加；1990 年，美国化肥的使用量是 1946 年的 6.1 倍。美国大规模的化学工业对环境产生了深刻的影响，从某种程度上讲改变了地球的面貌。对于滥施农药、化肥的可怕后果，蕾切尔·卡逊女士在《寂静的春天》（1962 年出版）一书中呈现了出来。卡逊女士发现由于滥施农药，通过食物链积累使得整个生态系统都在朝着崩溃的方向发展，本应该是鸟语花香的春天在未来可能面临着可怕的寂静。由于栖息地破坏和农药积累导致的繁殖障碍，就连美国的国鸟白头海雕也几乎灭绝。这引起了公众极大的关注，并进而掀起了轰轰烈烈的环境保护运动。

美国十分重视通过立法来加强对农药化肥的管理。针对农业发展造成的农业生态环境污染破坏，美国不仅对防治土壤污染、土壤侵蚀、水土流失等的方法、技术模式等进行探索和研究，而且通过立法加强对农业生态环境的保护。1947 年美国国会颁布了《联邦杀虫剂、杀菌剂和杀鼠剂法》（简称《农药法》），此后又经过几次修订，于 1988 年 10 月 25 日正式颁布实施。除了《农药法》这部有关农药管理的综合性法规外，美国《联邦食品、药品和化妆品法》中的有关规定也涉及农药管理的内容。美国联邦政府相关部门制定了一系列农业投入品管理和使用的具体办法。根据《农药法》和《联邦食品、药品和化妆品法》的规定，美国环保局（EPA）颁布了《农药登记和分类程序》《农药登记标准》《农药和农药器具标志条例》《农产品农药残留量条例》等一系列农药管理法规，作为农药管理的依据。可以说，美国健全的农药管理法规、条例是美国农药管理工作成功的基础。美国法律规定，所有的农药都必须在联邦农业部登记，在使用的州注册。农药使用采取许可证制度，许可证每年核发一次，所有使用者需要经过培训。各州农业厅负责每年对各地农药使用情况进行监督和检查。

控制化肥的使用量是减少农药面源污染的重要手段。美国在控制化肥使用过程中，主要依托的政策是一个综合性的经济激励环保政策——最佳管理实践（Best Management Practices，BMPs）。该政策是1972年美国国家环境保护局针对农业面源污染的增加而提出的，该项政策管理的理念是重视污染"源头"的管理而不是对污染结果的处理，实际上就是在保证获得最多的粮食生产过程中，将化肥对农业生产环境的负面影响降低到最低的一种综合性措施。该项政策取得了显著成效。"按照美国国家环境保护局和农业部的联合评估报告，1990年美国农业面源污染占到了农业总污染的66%~83%，经过20多年的有效治理和控制，到2014年，农业面源污染面积比1990年减少了66%左右，农业面源污染现在只占农业总污染的20%左右，有效地降低了化肥的使用量及养分的输出。"①

2. 滥用土地问题的治理

20世纪60—70年代美国农村的环境问题主要有环境污染、土地滥

① 付晓玫．欧盟、美国及日本化肥减量的法律法规与政策及其适用性分析［J］．世界农业，2017（10）：83.

用和自然资源遭受破坏三种，其中土地滥用是这一时期美国农村环境保护面临的最严峻挑战之一。随着城市化和郊区化的发展，土地滥用问题变得日益普遍，对当时美国城市、郊区和农村的环境都产生了十分恶劣的影响。郊区化给郊区和农村带来的影响是：郊区土地资源的快速损耗和自然生态环境的破坏，农村农业耕地面积的减少。"随着城市空间结构向外部的蔓延，郊区住宅的大规模开发带来了能源浪费、水源污染、景观破坏、水土流失、物种灭绝等一系列环境问题。"① 据美国普查局的统计，1950 年，只有 5.9% 的国土面积属于城市或郊区；1960 年，该数据为 8.7%；而到 1970 年，都市区的面积达到了 10.9%。从 1950 年代中期到 1970 年代中期，将近 100 万英亩的不宜开发之地被住宅建设用地侵占。② 湿地、沼泽、泥塘和陡坡山地都变为住宅开发地，生态功能丧失。

70 年代，美国开始制定国家土地利用政策，进行土地利用的管制，保护农用地。为了规范土地的利用，美国国会制定了《美国联邦土地政策管理法》《农地保护政策法》《美国森林和牧地可更新资源法》等多部有关土地利用和保护的法律法规。依据《农地保护政策法》，美国将农地划分为基本农地、特种农地、州重要农地和地方重要农地四大类，实行严格的用途管制。在乡村划定重点保护农田区域，防止城市的无限制蔓延。

### 3. 农村垃圾的处理

美国由于经济发达、城镇化程度高以及农村基础设施条件好，所以农村生活污染治理和生活垃圾管理制度，基本与城市相同。在农村垃圾处理方面，美国主要采用的做法有：制定完善的环保法律、环境治理市

---

① 王书明，张曦兮. 城市化与郊区环境变迁的反思 [C]. 第三届海洋文化与社会发展研讨会·上海·2012：77.

② [美] 亚当·罗姆. 乡村里的推土机：郊区住宅开发与美国环保主义的兴起 [M]. 高国荣，等，译. 北京：中国环境科学出版社，2011：97-105.

场化推进、环保资金大量投入以及促进多元主体参与。

20 世纪 70 年代，美国将农村生活垃圾与城市垃圾治理一并纳入城乡建设规划中。根据美国法律，农村生活垃圾的管理由各州负责，国家只是出台环境保护和污染防治的政策性法律框架、制定实施规范和国家标准。美国相继出台了《固体废弃物法》（1965 年）、《国家环境政策法》（1969 年），在 1970 年又颁布了《资源保护回收法》和《生活垃圾处置法》，这些法律都对生活垃圾管理进行了规定。地方政府可以依据本地区特点，制定不低于国家标准的适合本地的法律法规、技术标准和监管机制。美国在农村生活垃圾治理各个环节中均引入市场机制，实现了高度的商业化模式，建立了包括垃圾收集、运输、资源回收、垃圾处置的治理产业链。美国政府对农村污染治理的投入非常高。联邦政府农村发展部重点对农村垃圾处置的公用设施建设进行部分资助。在农业面源污染治理和资源保护上，美国农业联合会每年投入几十亿美元，对污染治理项目给予高达项目投资 70%~80% 的投入补贴。各州政府也有专项资金用于农村污染治理，农村污水和垃圾处理项目均可以得到财政拨款和优惠贷款。

### 4. 以可持续农业和生态农业促进农村环境发展与保护

美国在 1993 年 6 月成立了美国总统可持续发展理事会，以推动可持续发展。在农业发展领域，提出了可持续农业。所谓"可持续农业"，一般是指能够持续地利用资源进行农业再生产或能够进行资源的再利用，把农药、化学废料的投入量控制在必要的最小限度，在实现资源与生态环境保护、生产安全农产品（食品）的同时，保持较高水平的农业生产力和收益性的耕作方式及其农业管理体系。美国通过采用病虫害综合防治方式、利用有机肥料及绿肥、实施保护农地保护性耕作方式等方式，推动了传统农业向可持续农业发展方向的转变。

"生态农业"的概念是美国土壤学家 W. Albrcche 在 1970 年首先提出的，后来又经过 P. Merrill 和 N. Worthington 等学者的完善，其基本理念是主张化肥、农药的减量化或零使用，以有机肥或长效肥替代化肥，以轮作或间作替代化学防治，以少耕、免耕替代翻耕。为了推动生态农业的发展，保护农村生态，美国的做法主要有如下几个方面。

首先，美国以完善的法律法规引导有机农业的发展。美国在 1990 年颁布的《污染预防法》中，就有生态农业的明确规定。美国政府还以法规形式制定了农药、化肥等的投放量标准，限制农药化肥的使用量；规定对在农药、化肥的生产、使用中造成环境污染的主体，征收农药税和化学肥料税。此外，还制定了农产品质量安全认证标准。

其次，美国政府对生态农业的发展给予极大的财政扶持。生产方面的扶持主要体现在对生态农场的重点扶持、农业"绿色补贴"、减免农业所得税等方面。美国目前的 2 万多个生态农场是生态农业财政扶持的主要对象。美国自 20 世纪 90 年代起，开始实施农业"绿色补贴"的试点，对符合强制性条件的农场主进行补贴。它要求受补贴农场主定期调查其农场所属区域的野生资源、森林、植被情况，对土壤、水、空气进行检验，政府根据农场主提供的环保实施质量来决定是否补贴以及补贴额度。对环保实施质量高的农场主，政府除了提供"绿色补贴"外，还暂行减免农业所得税。为引导农场降低生产成本与保持水土，政府制定了各种补贴政策，给予休耕还林还草的农户以补助金。近年来，为了大力推动生态农业的发展，美国在农业生态环境保护方面显著加大了投资力度。2002 年 5 月，美国出台了《2002 年农场安全与农村投资法案》。据美国农业部估算，该法的 6 年有效期（2002—2007 年）内，联邦政府除保留原有的 666 亿美元农业补贴外，还将新增 519 亿美元农业补贴。新增的补贴额中，将有 171 亿美元用于农业生态环境保护计划，这样，2002—2007 年美国农业生态环境保护补贴总额就达到了 220 亿美元。① 在农业基础设施和农业科研方面，政府的投入也很大。例如，

---

① 美国发展可持续农业做法 可持续发展是循环农业的精髓［EB/OL］.（2006-07-19）. http：//www. most. gov. cn/gnwkjdt/200607/t20060719_34930. html.

美国农业灌溉工程建设费用的 50% 由联邦政府资助，其余部分由地方政府贷款或由政府提供担保的优惠贷款支付；灌溉工程的科研设计等技术方面的费用全部由联邦政府支付。

最后，以雄厚的科技实力推动生态农业的发展。美国拥有完善的生态农业科研与应用推广体系。一直以来，美国政府致力于农业科研开发和投入。联邦政府、州、县为各所大学提供科研经费，组织专家与农场主在科研试验及研发新产品方面进行合作，将研、产、销紧密结合在一起。科研成果的研发与推广，极大地提高了农业生产力并推动现代农业发展，降低了农业生产中使用的劳动量，节约了劳动成本；化学除草剂及种子遗传学等科学技术的发展，大大提高了耕作技术，提高了单产水平；信息技术的应用，提高了管理水平，使生产、加工、销售一体化，实现产业化经营，在一定程度上促进了美国农场向更大规模的方向发展；由政府主导的"农业教育、科研及推广体系"极大地推动了农业科技的进步，进而在很大程度上推动了农场的大规模化生产。美国农业科技发展政策的目标始终是通过发展农业科学技术来推动农业生产的发展，并通过培养和教育能掌握先进科学技术的农业劳动者来提高劳动生产率，提高农产品在世界市场上的竞争力。

## 二、日本、韩国：东亚新兴国家的乡村生态治理做法与经验

日本与韩国在政治传统、经济发展特点以及文化传统方面，与中国有很多相似之处，其在城市化和农业现代化过程中产生的农村生态问题，与中国也有很多相似之处。所以，对这两个新兴的东亚国家乡村生态治理工作进行研究与总结，对我国乡村生态治理具有重要的借鉴意义。

### （一）日本：建立地方循环共生圈

基于 1993 年出台的《环境基本法》，日本连续五次制定《环境基本计划》，以环境振兴带动经济与社会问题同步解决。在 2018 年日本内

阁通过的第五次《环境基本计划》中提出了"地方循环共生圈"① 理念，作为解决农村环境问题的基本理念。

1. 二战后，日本农村环境治理经历了四个阶段

（1）1945—1955 年，重视农村产业复兴、兼顾卫生环境治理的阶段。这一时期农村生活环境改善的主要目标是改良厨房灶台、厕所设施和水井卫生。(2)1955—1970 年，产业振兴与环境治理并行阶段。1955年起，伴随着日本近 20 年的经济高速增长，环境受到严重的污染，先后发生了"四大公害"（熊本水俣病、新泻水俣病、四日市哮喘病、富山县骨痛病）。这四大公害都是有机水银、硫化物与镉化学元素等工业排放物流经农村和渔村等农业地区，通过被污染的农产品等中介物进而引发对人体健康的不良影响。熊本县水俣病的患者就是因为食用了被污染鱼类而引起汞中毒。进入 60 年代，随着环境公害范围的继续扩大，日本开始着手治理农村地区环境污染问题。1967 年日本出台了《公害对策基本法》，1968 年又相继出台《大气污染防治法》和《噪音限制法》。但是因为这一时期以环境保护与经济发展相协调为指导思想，强调在经济增长前提之下进行环境治理，所以没能阻止环境问题的愈演愈烈趋势。（3）20 世纪 70 年代至 1993 年，环境治理优先于产业发展阶段。1970 年日本开始以环境治理优先，加大公害治理力度，使工业污染问题得到了有效遏制，生活垃圾逐渐上升为主要的环境问题。（4）1993 年起，环境振兴与经济社会同步发展阶段。2006 年的《环境基本计划》首次提出以环境开发带动经济、社会问题同步解决，2018 年的《环境基本计划》中"地方循环共生圈"得以具体化。从日本生态环境治理的发展历程可以看出，人与自然和谐共生是可能的。

---

① 其中"循环"指的是物质与生命的循环，即大气、水、土壤与生物之间通过光合成、食物链实现循环，从而最大限度地减少地区环境负荷；"共生"是指人与自然的共生以及本地区与周边地区的共生。

## 2. 日本农村环境治理的主要做法

### （1）化肥、农药减量控制政策

日本国土面积小，耕地规模小，相比较起来人口则较多，所以人均耕地面积少，仅为 0.6 亩左右。又因为是岛国，土地较为分散，不利于规模化。因此，日本农业现代化过程中化学化很明显。从 20 世纪初日本开始大量使用化肥，到 50 年代使用的化肥种类更多，1950—1970 年的化肥使用量达到顶峰，在 1975 年实行水田休耕后，其用量才有所减少。此外，由于化肥的大量使用，使得病虫害随之增多，于是日本大量使用农药以降低病虫害对农作物造成的影响。日本是使用农药最多的国家之一，直到进入 21 世纪，日本的农药使用量才开始下降。农药和化肥的大量使用对日本自然环境造成很大破坏，导致农产品质量下降，食品污染严重。①

日本的化肥减量控制政策，是与其环保型农业一并推进的。20 世纪 90 年代，日本政府提出了发展"环境保全型农业"（简称环保型农业），通过减少化肥的使用来控制农业面源污染和土地的盐碱化，进而提升农产品质量。1994 年，日本政府在中央、都道府县和市町村等各层级分别设置了环保型农业的推进机构。为了推进这种新型农业生产方式，日本政府在 1999 年颁布了新的《农业基本法》（又名《食物、农业、农村基本法》），该法突出了农业生产与食品安全、农村可持续发展三者之间的互动关系。日本的化肥减量控制政策的一个重要特点，就是公众的广泛参与性，参与主体是多元化的。日本充分调动消费者组织、农民组织、有机农业和环保农业研究等机构的积极性，将政府、农民、消费者和社会组织等多方利益组合起来，实现多方主体的互动，共同推进环保型农业的发展。

---

① 杨绍先. 日本农业现代化之路径［J］. 贵州大学学报，2005，23（6）：85-92.

（2）生活垃圾循环利用

日本经济发达，城乡差距小，所以日本农村的环境基础设施非常完善，生活垃圾处理、回收和污水无害化处理服务在偏僻乡村也有，且这些服务成本并不昂贵。

日本农村污水实行无害化处理。农村污水处理协会研究了一系列适合农村城镇污水处理的设备，它们体积小、成本低、易于操作。经污水处理系统处理过的水，多数用于蔬菜果园及水稻的灌溉，同时将从污水中分离出的污物经脱水和改良后，运到农田做土壤肥料。这样，污水基本上是循环利用了。

日本的垃圾分类和资源循环在世界上首屈一指。农村生活垃圾处理以市町村为主体，辅以公民共同参与，以减少农村的厨余垃圾、家畜排泄物、木制建材、废纸等废弃物排放，实现资源的循环利用。日本德岛县上胜町在 2003 年率先开始实施零垃圾运动，由此迅速成为"日本最美小镇"。该町为了全力推进垃圾的再利用和资源化，首先，制定详细的垃圾分类标准。上胜町把垃圾分成 34 种类型，在回收站又细分至 60 种类型，为资源的再利用创造了条件。其次，垃圾回收注重细节。上胜町建立的垃圾回收站，由非营利组织（NPO）"零垃圾机构"负责运营。为了赢得村民的理解，回收站把搬运、焚烧和填埋的单位成本用数字标识出来，把资源的去向以及循环利用的新产品也都一一标识出来。最后，设施完备。町里还为每户家庭购置了厨余垃圾处理器，回收站还设有再利用商店和再利用加工站。居民把自家闲置不用但尚可使用的衣物、茶杯、图书等物品摆放在再利用商店里，供人们免费挑选；老人们把可以再利用的布料加工成衣物、手袋等各种物品出售，使资源得以循环利用，同时帮助村民创收。① 2016 年上胜町的垃圾循环利用率为79.5%，基本实现了垃圾无害化和循环利用。

---

① 李国庆. 日本的地方环境振兴：地方循环共生圈的理念与实践 [J]. 日本学刊，2018（5）：153.

（3）以第三次新农村建设推动乡村环境发展

20世纪50年代和60年代，日本依次进行了新农村建设，极大地促进了农村的现代化，缩小了城乡差距。20世纪70年代末，日本开始了第三次新农村建设，被称为"造村运动"，其中最具影响的是"一村一品"运动。通过这次新农村建设，日本城乡差距逐步缩小，农民的生产生活条件赶上甚至超过了城市，真正在农村实现了经济和环境的共同发展。

"一村一品"运动是大分县知事平松守彦于1979年底开始发起的。其目的是对某村或某地区的最优资源实施重点开发，将其打造成全国乃至全球闻名的品牌产品，以复苏农村经济。在"一村一品"运动的带动下，20年间，大分县共发展和推广了近300多种特色产品，实现产值数十亿美元，人均收入于1994年骤升至2.7万美元。香菇、风干牛肉与烧酒作为该县三大特色仍然风靡日本，受到消费者的一致好评。经过"一村一品"运动，大分县由落后的贫困县一跃成为环境优美、经济领先的全球闻名城市。

"一村一品"运动的倡导者平松先生将"一村一品"运动总结为三个原则，第一个是"立足本地，面向世界"，他认为产品愈具民族特色，其国际价值愈高。第二个是"自立自主、锐意创新"，由当地居民负责"一村一品"的选定和管理。第三个原则是"培养人才"，尤其是年轻人。

与日本"一村一品"运动相似，我国乡村振兴中也提倡因地制宜地发展特色产业。以湖北为例。湖北按照"一乡一业、一村一品"的方针，因村制宜发展包括果木苗卉种植业、水产养殖业在内的特色生态产业，力争做到产业精准，富有特色。处于山区的恩施根据当地资源优势，将"有机茶"和"富硒产品"作为特色产业，大力发展。来凤县开发以"三茶"（藤茶、油茶、绿茶）为重点的特色农产品加工业来带动贫困人口创收。建始县以"公司+专业合作社+基地+农户"的模式，来发展以土猪和土鸡为重点的生态畜牧业。地处平原的监利县，以水稻和小龙虾作为龙头产业，在低洼湖区重点推广"种养大户（能人）＋贫困户"的稻田综合种养生态健康养殖模式。由此可见，因地制宜发展绿色生态产业，是可以实现脱贫与生态保护双赢的。

### （二）韩国以"新村运动"促乡村生态治理

#### 1. 韩国的"新村运动"改善了乡村生态环境

"新村运动"是韩国在 20 世纪 70 年代发起的旨在促进农村现代化的运动。随着二战后韩国城市化和工业的发展，农村地区由于发展速度较慢，相对变得落后起来，工农业差距越来越大，贫富悬殊愈演愈烈。到 70 年代工业积累了一定资金后，政府有能力反哺农业从而缩小工农差距了，为此，1970 年韩国总统朴正熙发起了一场追求更美好生活的运动——"新村运动"。这场运动起初只是在农村进行，后来推广到全国；性质也由最初的农村管理变革发展为政治、经济、文化等各个方面的社会改革。不仅如此，这场运动每个阶段的发展目标也不一样。

第一阶段（1970—1980 年），重点放在农村建设上，由官方主导。1971—1973 年：主要抓基础设施建设，改善生活环境工程，重点是拓宽村内道路，开设户外洗衣设施，将传统的屋顶、围墙、厨房、厕所更换成更耐用、更现代化的设施。1970 年 11 月到 1971 年 7 月，韩国政府为全国 3.5 万个村每村分配 335 袋水泥，要求开展政府拟定的 20 个农村基础设施建设项目。建立了全国性组织——新村运动中央协议会，并形成自上而下的全国性网络，同时建设新村运动中央研修院，培养大批新村指导员。第一阶段的目标完成后，韩国政府也认识到仅仅改善生产生活环境是不够的，提高农民收入和发展农业生产才是新村运动持久发展下去的动力。1974—1976 年：新村运动范围向城镇扩大，出现了工厂新村运动、公司新村运动、学校新村运动、街道新村运动等形式，演化成了全国性的现代化建设活动。农村的新村建设重点是居住环境和生活质量的改善和提高，修建村民会馆和自来水设施，以及生产公用设施，新建住房，发展多种经营等。着力帮农民增加收入，调整种植业结构，政府在财政和技术上支持开发 21 种经济作物，在山区发展农业技术，广泛普及高产水稻新品种"统一稻"。进行新村教育，推广科技知识。在物质条件得到极大满足后，新村运动的目标转向了精神层面。引进国外先进技术、改善农村环境、提高农民收入等都是外在的、比较容易改变的；而国民思想道德素质是用金钱买不到的，也是在短期内无法实现大幅提升的，如诚实守信、公平公正、勤劳勇敢等精神，有鉴于此，新村运动需要过渡到精神启蒙阶段。

第二阶段（1981—1988 年）。这一时期新村运动的基本特征是民间主导和在全国推广。1989 年以后，新村运动进入消退期。90 年代新村运动的目标变为"共同致富运动"，开展了美化农村环境，修建村庄道路、桥梁、水渠，保护环境等活动，同时大力宣扬共同体意识，提倡大家共同致富。

"新村运动"促进了韩国农村的现代化，缩小了城乡之间的差距，同时也极大地改善了农村的生产、生活环境，农民的环保意识有了很大的提高，实现了韩国的"乡村振兴"。

2. 韩国"新村运动"的启示

尽管有学者认为，新村运动只是韩国现代化过程中的一个组成部分，其经验本身也具有一定的局限性，但新村运动实现了农民生活水平的提高、村容村貌的改善、农业生产技术水平的大幅提升。新村运动中积累的大量经验，引起了许多发展中国家的广泛关注，在世界范围内产生了积极影响。

（1）注重增加农村公共产品的供给

新村运动过程中，韩国政府采取一系列措施，从农民利益出发，充分发挥社会资本的作用，农村公共物品供给水平与质量逐渐提升，农户社会资本总量不断增加。一是加大对基层农业协会的支持力度，通过农业协会将大量农民组织起来，组成收益共享、风险共担的利益共同体，进一步加深巩固农村社会关系网络。二是免费为村民发放建筑材料，支持村民更新建造村庄公共设施，显著提升了用水、照明等基础设施建设水平。农村道路等级不断提升，出行更为便捷，农村医疗卫生水平得到明显改善。

（2）大力提升农民发展理念，更好适应农业现代化需要

新村运动以"勤劳、自助和合作"为理念，注重培养共享发展的新理念，由国家与社会共享发展的成果同时共同承担农村现代化转型的成本，时任韩国领导人将其提炼为耳熟能详的"过更好生活"的标语。同时，设计新村运动的旗帜悬于全国各村庄。这些举措带来的最重要结果是增强了农民应对市场化进程的能力，并很快适应工业化社会发展的要求，同时还培养了农村居民的民主意识和民主能力。有学者认为新村运动改变了韩国农民对外部世界的看法，使他们从极度贫困现状转向积极和独立的生活状态。

（3）乡村振兴需要循序渐进，不能急于求成

韩国"新村运动"从1970年一直持续到21世纪初，长达30余年。与新村运动相比，我国乡村振兴涉及面更为广泛，需要建立健全城乡融合发展体制机制和政策体系，统筹推进农村经济建设、政治建设、文化建设、社会建设、生态文明建设，涉及农村基本经营制度、现代产业体系、城乡融合一体化发展、农业供给侧结构性改革、生态文明建设等各个方面，是一项长期、复杂的系统工程，难以在短时期内一蹴而就，不能急于求成，必须尊重农业发展规律、统筹规划、有序推进，作好长期实施的准备。当前，首要任务是建立乡村振兴战略的灵活机制和政策框架体系，明确乡村振兴的战略目标、战略要求、战略方针、战略路径、战略步骤、战略措施等，完善城乡融合发展体制机制，优化乡村治理体系，推动农村生态文明建设。

（4）优化运行机制，提升农民专业合作组织的服务能力

农村市场的健全主要是完善制度环境中的组织制度，通过发展多种组织经营模式，为农业经营活动提供便利条件，实现农业的增产增收。

我国当前农民专业合作社发展速度也很快，但是由于组织体系不完善，农民的利益难以得到充分保障，一些合作社把生产、服务作为工作重点，但由于没有完全实现产品与市场接轨，导致组织的市场营运效率较低。因此，政府应加快农民专业合作组织的建设进程，通过引导和扶持把合作社的成员组织在一起，避免合作社仅仅是为了享受国家相关优惠政策或者获得资金扶持而存在，并使生产、销售、定价透明化，保障农民的利益不受到侵害。借鉴韩国"新村运动"中发展农协组织的主要经验，不断优化合作社的运行机制，充分发挥组织功能，更好地服务于农民和农业发展。

（5）拓展融资渠道，增加乡村公共产品的有效供给

针对当前我国农村公共产品特别是基础设施等领域供给不足的现状，借鉴韩国新村运动中的经验，应实现农村公共物品供给主体的多元化。政府可以通过政策优惠、资金补贴、减税贴息等方式，引导包括企业、社会组织等经济主体以各种方式提供农村公共物品，充分发挥社会资本的作用，形成"政府+中介组织+农户"的农村公共物品多元化投融资模式，进一步提升公共产品供给的质量和水平。同时，还应采取多种措施推动城乡公共服务均等化进程。逐步加大财政支出中支农资金的比例，重点投向农村基础设施等民生工程，加快推动城镇公共服务向农村延伸，逐步消除城乡公共服务差异，提升农村居民的生活质量。为解决实际工作中建设资金不足的问题，可以根据农村基本公共服务的种类、地域经济条件以及市场发育程度不同，选择市场供给、政府供给等不同的供给模式，增强农村公共服务的供给能力。

## 第二节　其他国家乡村生态治理的做法和经验

除了上文所述几个典型国家在乡村生态保护与发展中有比较成功的经验外，还有其他一些国家也有可供借鉴的经验。

### 一、德国乡村生态环境治理与保护

德国的村镇，除了有优美的田园风光以外，还有完善的基础设施。所以，安静古朴的田园风光和风景独好的广大乡村地区，是最吸引德国人之处。但是一直持续到二战后的数十年，德国都是世界上环境污染最严重的国家之一。经过30多年的生态环境保护，目前德国已被公认为世界上环境保护最好的国家之一。其中，德国农村的建设理念和发展方式，尤其值得我们思考与借鉴。

第二次世界大战后德国在农村现代化过程中，传统村落得到改建和扩建，乡村道路、水电等基础设施得到大规模建设，但是原有的乡村自然风貌也被改变了很多。1970年代以后，随着环保和生态意识觉醒，德国乡村开始转型。70年代德国开展了"我们的乡村应更美丽"计划，该计划的第三个方面就是初步实现传统乡村和农业向现代化和生态化的转变。德国政府积极采纳当地居民的意见，对村镇进行详细规划，划定自然保护区，避免乡村自然风光遭到人为破坏，有效改善了农民生活和农村生态环境。自90年代以来，可持续发展理念融入村庄更新与实践中，乡村地区的生态价值、文化价值、旅游休闲价值被提高到和经济价值同等重要的地位。

#### 1. 土地整治生态化

德国的土地整治历史大约已有300年。1954年联邦德国颁布了《土地整治法》，此后又不断完善相关法律。20世纪70—80年代，德国将生态保护和村镇改造列入土地整治的关注点。土地整治的目标除了提升土地数量与质量之外，还应重视自然生态环境保护。"从20世纪90年代开始，德国土地整治的内容更加综合，村庄改造和生态环境改善成为土地整治新的目标。"① 该措施极大地促进了农村环境保护、村镇革

---

① 吕云涛，张为娟. 德国土地整治的特点及对中国的启示 [J]. 世界农业，2015（6）：50.

新和城乡一体化。德国土地整治中以生态化为目标，不仅不会通过毁坏森林来增加耕地面积，还通过沿岸植树等方式绿化河岸，形成沿河生态保护系统。土地管理部门通过与自然环境保护部门的协作，共同完成了土地整治生态化的目标。

目前，慕尼黑工业大学的马格尔教授是土地整治方面最有代表性的学者，他的"套娃理论"和"洋葱头理论"，通俗易懂地表达了他的土地整治主张，体现了协调、绿色、共享的发展理念。马格尔教授借用俄罗斯套娃形象来揭示土地整治规律：首先要对土地进行平整和小块变大块，便于农民进行生产；其次是在这个过程中要注重土地文化的保护和发展，使土地整治既科学又有文化品位；再次是把有文化品位的土地整治同土地权利和人生活的村庄发展紧密联系起来。在"套娃理论"的基础上，马格尔教授及其研究团队又提出了"洋葱头理论"，即对某个区域进行土地整治，要同本地区的生态平衡及更大区域乃至全国的发展规划紧密衔接在一起。这套理论在土地整治领域比较好地体现了协调、绿色、共享的发展理念。1988 年，德国的汉斯·赛德尔基金会与我国国土主管部门签订土地整治合作项目，选择了山东省青州市的南张楼村作为试点。德方的土地整治专家正是马格尔教授及其研究团队。按照"套娃理论"，以"城乡等值化"为目标，德国专家指导南张楼村制定了土地整治和"村庄革新"规划。

2. "生态村"建设

早在 20 世纪 90 年代初，一些发达国家对于环境破坏、资源的过量消耗、居住地的污染与生活方式的不可持续性进行了反省。1991 年丹麦成立了生态村组织并将生态村定义为："生态村是在城市及农村环境中可持续的居住地，它重视及恢复在自然与人类生活中四种组成物质的循环系统：土壤、水、火和空气的保护，它们组成了人类生活的各个方面。"自 1996 年起，生态村及全球生态村运动的研究和实践得到蓬勃开展。

当前，德国已经成为世界上生态村产业发展最快、生态村最多的国家之一。为了推动生态村建设，德国将可持续发展理念贯彻到法律法规中。1984 年，德国政府就根据经济发展和环境保护的要求，提出了生态农业的概念。1989 年，德国设立了专门的公共资金来促进生态农业发展，鼓励农牧场向生态村转型。2001 年 9 月公布了"统一生态印章"，2001 年 12 月以实行生态标识制度为核心的《生态标识法》正式颁布生效。2002 年，德国出台《生态农业法》和发布《联邦生态产业计划》，为生态村及相关产业链的发展制定标准并搭建起良好框架。此外，德国还有《物种保护法》《动物保护法》《自然资源保护法》《土地资源保护法》《植物保护法》《肥料使用法》《垃圾处理法》和《水资源管理条例》等法律法规，作为德国生态村可持续实践的保障。

为了进一步改善生态村发展的条件，德国政府还在 2003 年和 2015 年制定了一系列联邦生态产业服务计划。这计划的核心是对生态村经营者和参与者提供教育、培训和信息服务，促进有关的研究和技术发展，以及对实践中形成的经验进行总结和推广。

为推动生态村建设，德国进行各种形式的生态补偿。德国有多种形式的生态产业补贴与财税优惠，包括生态住宅补贴、生态生活设施补贴、环境保护补贴、种植业补贴、休耕补贴和畜牧业补贴等。为了鼓励村民进行经营转型，德国政府制定和实施了生态村转型补贴政策。例如某种植区被确定为生态村，其不同类型的生态种植生产可以获得的经营补贴额度为：蔬菜生产每公顷可获得 300 欧元/年补贴；一般种植业（主要是小麦等）和绿地生产每公顷均获得 160 欧元/年补贴；多年农作物（如葡萄、樱桃等水果）生产每公顷可获得 770 欧元/年补贴。2016 年德国生态村农产品获得的补贴总额达到 9300 万欧元。[①] 此外，还有生态村环境保护补偿、生态村改造补偿、生态村产业补偿、生态村

---

① 刘树英. 德国生态村可持续实践发展趋势（二）[J]. 资源与人居环境，2018（8）：41.

土地补偿、生态村基础建设补偿、生态村拓展升级补偿等多种名目的补偿政策。

## 二、英国乡村环境保护与发展经验

英国是全球"农村和城市差别最小"的国家之一。城乡的一体化离不开英国政府对农村基础设施的不断完善和进行公共服务建设，以及长期注重从政策层面消除城乡差别。

英国重视农村发展规划。虽然英国是发达的工业国，农业在 GDP 当中所占比重仅为 1%，但英国非常重视农村的发展规划。英国农村占国土总面积的 86%，面积辽阔。英国规定 1 万人以下聚居区居民属农村人口，2011 年英格兰农村人口有 950 万，占总人口的 19.3%，而且农村人口持续增长。2000 年英国出台农村白皮书，要求政府各部门在制定任何政策时必须考虑到对农村的影响。2004 年英国出台农村战略，重点之一就是提升农村价值，为子孙后代保护好自然环境。英国的"2007—2013 农村发展七年规划"投入 37 亿英镑，用以提升农业和林业竞争力、保护改善农村环境、创建有活力的农村社区。2011 年 4 月 1 日，英国改革了环境食品及农村事务部，新设立"农村政策办公室"，全面统筹涉农政策，维护农业、农村及农民的利益。

建设多层次的生态保护区。二战以后英国政府开始重视农村自然资源的保护，并建立了完善的农村保护区体系，在保护自然环境的同时，也引导民众享受自然环境，促进农村旅游业和农村经济的多元化发展。1949 年出台《国家公园法》，开启了英国以国家公园形式保护农村资源和环境的序幕。1995 年《环境法》赋予国家公园管理机构更大权力，包括制定当地经济和社会发展政策的权力。英国目前有 15 个国家公园，其中 10 个在英格兰，占英格兰面积的 9.3%。除国家公园外，英国还设立了特殊科研保护区、自然保护区、优美自然环境保护区、当地保护区等 4 类保护区，以最大限度地保护自然环境。

进入 21 世纪后，英国加强了对土地、水、空气等问题的管理，加大涉农资金投入。英国帮扶农业和农村的政策重点从重视粮食供给转移到生态保护，在发展农村经济的同时也保护了农村原有的自然风光和生态环境，推动了乡村的良好发展。

### 三、西班牙创意观赏农业

西班牙是欧洲第四大生态农业生产国，生态农业发展势头强劲。西班牙有"欧洲果蔬园"的美誉。农地面积占国土面积的 13.8%，居欧盟第二位，农业总产值约占 GDP 的 2.5%，全国 60% 以上的果蔬用于出口。西班牙是世界上最早在乡村旅游中将农业种植与旅游业结合起来的国家，创意观赏农业是西班牙的特色。

# 本 章 小 结

以美国、法国为代表的发达资本主义国家，经济实力强，城市化水平高，农业现代化水平也比较高。由于农业人口少、农村耕地多、农业科技水平高，这些国家农村生态问题不是很严重，也相对比较易于治理和保护。当前，主要以生态农业发展为龙头，带动整体的乡村发展与生态保护。日本、韩国作为东亚新兴工业化国家，与中国的国情有很多相似之处，这两个国家乡村生态治理与保护的经验，对我国乡村振兴与美丽中国建设有很好的借鉴意义。

纵观美国、法国、德国、日、韩等国的乡村生态治理与保护，可以得出如下启示：一是完善道路、污水处理、垃圾处置等农村基础设施，是每个国家乡村生态治理必不可少的环节；二是乡村生态的治理、保护与发展，需要政府的大量资金投入，对乡村生态恢复、基础设施改造、污染治理等项目给予财政补贴且年限长远；三是生态农业、循环农业成为带动乡村可持续发展的龙头，也是促进乡村经济与生态同步发展的主要措施；四是要完善农业政策和法律，以法律保障乡村生态治理，以政策引导乡村生态保护；五是应注重发挥农民群众的主体作用，培养具有公民意识和环保理念、掌握现代农业技能的现代化农民。

# 第八章　治理措施：生态伦理视域下
# 我国乡村生态治理措施

美丽中国建设是新时代我国社会建设的目标，美丽乡村建设是美丽中国建设的必然要求，也是美丽中国建设的重中之重。生态环境之美，是美丽乡村建设的基本要求。在我国现代化快速发展中，乡村暴露出越来越严重的生态问题，包括资源浪费、生态破坏、环境污染等，这与美丽乡村的生态美要求有很大的距离。习近平曾说："良好生态环境是最公平的公共产品，是最普惠的民生福祉。"① 乡村居民享受到良好的生态环境，才是符合社会主义公平正义的。所以，进行乡村生态治理，使乡村成为生态优美的乡村，是新时代我国社会建设和国家治理的重要任务。

要建设美丽中国与美丽乡村，必须进行乡村生态治理，以实现人与自然的和谐共生。对生态问题进行分析，可以发现其受政治因素、经济因素、文化因素的影响，而生态伦理的缺失，是深层次的原因。从系统论视角考察，乡村生态问题是个系统问题，原因也是多方面的，所以应该从宏观、中观、微观三个层面标本兼治地进行生态治理。具体对策措施包括：宏观的深层次的生态伦理的培育，中观制度层面的社会制度（包括政治、经济、文化等）的改进，微观操作层

---

① 中共中央宣传部. 习近平总书记系列重要讲话读本 [M]. 北京：学习出版社，人民出版社，2014：123.

199

面的生态生活方式的养成。

# 第一节 人与自然和谐的生态伦理的培育

自十八大以来，中央对生态的高度重视使我国的生态环境治理形势大为转变，从而使我国环境治理进入一个崭新阶段。中央政府在环保数据采集、环境指标设定、官员绩效考核以及环保执法等方面的深度改革，促使地方政府必须权衡对待环境治理目标和经济发展指标这一对"孪生兄弟"，这有效遏制了生态环境恶化的趋势。在此形势之下，各地方依然存在为了发展经济而破坏生态环境的冲动和现象。十九大报告指明了我国社会主义现代化建设的目标——把我国建设成富强、民主、文明、和谐、美丽的社会主义现代化强国。"美丽"一词的出现凸显党和国家对生态环境的高度重视，也对生态环境治理提出了更高要求。我国的农村生态环境治理要想取得令人满意的成绩，首先必须实现观念上的变革，培育人与自然和谐的整体主义观念。

## 一、人与自然关系的重新理解：整体主义

从某种角度看，不管是现代人类文明的成就，还是现代文明的危机，它们都是现代化的结果。自 20 世纪中叶以来，环境污染和生态破坏已经成为威胁人类生存的全球问题，生态的不可持续性严重威胁到人类的可持续发展和人类的明天。毫不夸张地说，人类已经进入环境危机状态。环境危机既是一种生存危机，也是一种文化危机，更是以西方发达国家为代表的资本主义现代性的危机。在思考环境问题的根源时，西方很多哲学家认为现代世界观，特别是二元论、机械论哲学和人类中心主义价值观是造成环境问题的思想根源之一，于是西方出现了对现代性进行批判与反思的思潮。

### 1. 中国生态文明建设需要进行世界观、价值观的深层变革

现代化，一直是自"五四运动"以来中国有识之士的梦想。中华人民共和国成立之后在工业化上进行了探索，但现代化进程受到阻碍。改革开放以后，在借鉴西方国家现代化经验的基础上，我国选择了市场经济以加速现代化发展。自 1978 年以来，中国经济的高速发展带来了物质财富的迅速增长，使得人们的生活水平显著提高，逐渐从温饱进入小康水平，经济学意义上的生存危机得到了解决。但是，伴随着这种高速发展和现代性的延伸，新的危机——环境危机也在中国逐渐显现。以能源短缺、环境污染、生态破坏以及森林退化、沙漠化等为代表的全球性问题，在中国都有所反映而且处于不断恶化之中。为了可持续的发展，我国提出了"生态文明建设"的理念，并将其作为国家发展的指导战略。"20 世纪中叶，以全球性生态危机的暴发为标志，工业文明开始走下坡路，一种新的文明——生态文明成为逐渐上升的人类新文明。"① 生态文明被认为是一种后工业文明，是建立在对工业文明和现代性进行反思基础上的人与自然和谐的文明形态。换言之，中国的生态文明建设必须要对现代性进行反思，从而摈弃现代性的弊端。二元论、机械论的哲学和人类中心主义是现代性的思想基础，因此，二元论哲学及人类中心主义的价值观的彻底改变就成为中国生态文明建设的必然要求。

### 2. 整体主义视角下的人与自然关系

按照生态文明的要求，我们需摈弃二元论哲学及人类中心主义，重新理解人与自然之间的关系。那么，应该如何重新界定人与自然之间的关系？整体主义世界观和哲学为我们提供了方向。

正如前文所论述的那样，哲学家们多认为现代生态环境问题产生的根源是现代哲学和人类中心主义价值观。在一些具有后现代主义倾向的

---

① 余谋昌. 生态文明：人类文明的新形态 [J]. 长白学刊，2007（2）：138.

哲学家看来，自然界的每一个存在物都是有内在价值的，这种自然存在物的价值与对人类的有用性无关。如阿伦·奈斯就提出整体主义的本体论、认识论及方法论，主张用整体主义来对主客二分的二元论进行彻底的批判，并为人类未来设计出了"基于生态智慧的可持续发展"的发展方向。按照奈斯的理论，人类要重新认识自然的价值，摈弃人类中心主义价值观。奈斯的这一变革首先是价值观的变革，奈斯的这一生态思想对我国的借鉴意义首先就表现在价值观的变革方面。

奈斯的深层生态学为我们实现价值观的改变提供了一种可行的路径。按照整体主义的观点，自然是人类不可分割的一部分，人与自然是无缝之网上的节点，因此，人类需彻底改变肆意支配自然的观念，尽量减少干涉或不干涉自然。要把自然价值观的变革与人的生产和生活方式的革新统一起来进行思考，将生态保护理念和措施落到实处，真正实现人类社会、经济与环境协调的可持续发展，建立起生态社会。如果奈斯的主张能够真正地得到落实，符合生态学要求的生态社会是有可能实现的。

**二、加强生态教育，多举措培养生态意识**

生态危机使人们意识到人类必须有所改变，这种改变包括世界观、价值观、社会制度、科学技术、行为方式以及人与自然的关系等诸多方面。生态意识源于人对环境危机的反思以及对可持续发展的关注，因此在全社会树立以人与自然和谐为目标的生态意识，成为当前社会所面临的一项重要任务。生态意识是一种全球意识、整体性意识和一种新的生态价值观，目的是使人们认识到"人类、植物、动物以及地球是一个整体"。

1. 各类学校应加强生态教育，培养具有生态知识的农民（生态认知）

生态意识是建立在对自然的科学认识基础上的，因此，生态教育成为各国培育公众生态意识的首选。公民自然科学知识的获得主要是通过系统的学校教育而来的。改革开放以来，我国农民的受教育程度有了显著提高，但是从总体上看，农民的受教育程度还有待提高。根据2015年12月24日发布的《社会蓝皮书：2016年中国社会形势分析与预测》显示，年龄在18岁至69岁之间的农业户籍人群中，初中以下文化程度的比例高达82.90%，其中未上过学的比例为15.7%；高中和职高职校毕业者比例为9.5%，中专学历者比例为2.40%；专科以上学历者占比超过5.20%，包括大专3.10%、本科2.00%以及研究生0.10%。在未上过学的人群中，年龄段越高则未上学比例越大，其中，1960年代及以前人群中未上过学的占到1/4，90年代人群中这一比例降为3.50%。根据调查数据，未上过学的农民主要是中老年人，而80后、90后的农民基本上都经过系统的基础教育。在基础教育中系统地传授生态知识，有助于农民建立起生态意识。人们同样期望，感触城市生活的2000万返乡农民工能为生态伦理带来新的行为实践。①

目前，我国已经建立起了比较完善的生态教育体系。20世纪70年代北京大学等高校开办了生态及环境保护专业；20世纪80年代中专、职业高中和培训学院开始设置生态及环境保护专业；自20世纪90年代起在各中小学和幼儿园，与环境保护有关的教学广泛得到开展。同时，大众化的生态教育也通过各种途径在我国得到大力发展。可以说，我国已经建立起比较完善的生态教育体系。但是，我国的生态教育也存在着一些问题，如总体上对学校的生态教育重视不够、生态教育缺乏系统性和连续性、生态教育的内容有待更新、教育主体较单一以及全民生态意识较薄弱等。因此，各级各类学校应该从教学内容、教学方法等方面改进生态教育，教育主管部门应该从教育系统的整体出发，注重生态教育的连贯与衔接等。各级学校应通过系统的生态教育，培养具有生态知识

---

① 中国社会科学院. 社会蓝皮书：2016年中国社会形势分析与预测 [M]. 北京：社会科学文献出版社，2015：24.

的农民。

## 2. 国家应加大对农民的生态宣传，培养具有生态意识的农民（生态意识）

人们的生态意识需要从浅层向深层发展，目前我国农民的生态意识也需要转变。通过生态宣传和教育，引导人们从关注小范围的污染转向关注大范围的全球性环境问题；从认为"先污染后治理"是客观规律，转向主张采取可持续发展路径，在发展的同时保护环境；从认为环境仅对人类有工具价值，转向承认自然的内在价值以及持续生存的权利；从分析性思维、线性和非循环思维，转向强调整体性、非线性和循环思维；从关注近期的危险性，转向以此为契机推动人类经济、生产方式和生活方式的转变。这种由浅层到深层的生态意识，需要经过长期培育。

政府以及相应的环境主管部门，应该加大环境保护和生态安全方面的教育和宣传力度，借以培养农民正确、科学的生态环境观和良好的生态环境行为。

一是当地政府可以尝试通过报纸、网络、电视、印刷资料等渠道，通过讲座、辩论、组织培训等多样活动的开展，进行环保的宣传教育工作。由于政府在生态环境方面汇集了大批有丰富环保经验和环保专业知识的权威专家、学者或民间专业人士，他们能够对公民的环境意识进行权威性的教育和宣传工作，再加上其具有一定的公益性和无偿性，因此也能够更容易被公众所接受和信服。

二是以生态农业、生态农村的理论和概念为指导，向农民灌输大量专业知识，实施生态的种植和养殖模式，结合种植业和养殖业的综合发展状况，形成合理的优良的协调、循环、再生的健康发展局面。

三是善于利用互联网技术培养农民的生态意识。当前，网络已经逐渐走入农民的日常生活。调查和走访中可以看到，农民几乎人手一部手机，微信的受众群体达到80%以上。政府可以针对农民喜欢用语音通信以及收看朋友圈小视频的微信使用习惯，聘请专业人士制作生态环境保护方面的微视频，并建立有针对性的微信群，将农民拉入群，渐进提升农民的生态意识。

3. 引导农民进行生态实践，强化生态素质（生态素质）

通过培养生态意识的实践，强化公民的生态素质。

一是通过鼓励农民参与环保活动等生态实践，以此来培养他们的人与自然一体的生态意识。

二是通过鼓励农民开展生态养殖、生态种植等生态农业实践，大力发展生态种植业、生态养殖业、生态农产品加工业、光伏发电、电子商务、乡村旅游等特色产业。在发展农村生态经济、提高农民收入的前提下，让农民享受到良好的生活环境。这种生态保护和经济发展的双赢，会促使农民自觉选择有利于生态的行为，从而形成良好的生态生活方式和生态行为习惯。

# 第二节　生态制度的构建

新时代农村生态建设是理念、制度、行为三者内在的逻辑演进和统一。生态观念的塑造是农村生态建设的前提条件，生态制度建构是生态观念体系的现实实践，生态行为选择是生态制度的社会化过程，三者共同构成了生态建设的一般规律。生态制度是生态理念与生态行为的中介，是从生态理念转化为具体生态行为的桥梁。可以说，生态制度的构建与完善，决定着生态理念能否在社会生活中得到实践和落实。农村生态环境治理需要制度和伦理并举，需要以制度促进观念的实践。生态制度建设的目标是政治的生态化、经济的绿色化和文化的生态化。

## 一、生态政治与政治的生态化

### （一）生态政治

伴随着生态危机的出现，一种解决生态危机的理论——生态政治

（学）诞生了。全球生态环境问题在 20 世纪 60 年代后期成为美国、欧洲等西方发达国家公众关心的热点。到了 70 年代，西方国家掀起了轰轰烈烈的生态运动，标志性的事件有 1970 年 4 月 22 日美国爆发公民环保政治运动（有 2000 多万人参加）和 1972 年联合国第一次人类环境会议的召开。到 70 年代末 80 年代初，生态政治运动的目的由单一的环境保护向多元化趋势发展，环保、和平、女权运动都是其重要的内容。自 90 年代以来，生态政治运动转向为对"可持续发展"这一全球环境问题的关注。"公共决策"过程的"生态化"使生态运动真正成为生态政治运动，生态政治由此出现。面对全球环境问题以及其对政治、社会等的挑战，我们有必要对生态问题与政治之间的关系进行全面而深入的考察，建构满足可持续发展要求的政治体系，从而将人类社会推向前进。

对于生态政治，有不同的理解。刘京希认为："生态政治有三个层次，即政治体系内生态、政治社会生态和政治社会自然生态。"① 其中，第一个层次可以称为政治"内生态"，即政治系统内的生态，而第二、第三层次可称为政治"外生态"，指政治体系与社会和自然之间通过互动而达成的动态平衡。由此，生态政治要求将政治发展与生态发展纳入共同轨道，在实现政治发展的同时，也实现生态发展。黄爱宝认为："目前学术界对生态政治有两种学科定位：一是以解决自然生态环境问题为己任的传统政治学内容的应用拓展；二是以阐释生态政治系统为其主要内容的生态主义理论架构。"② 其中后者是将政治问题以及政治现象纳入包括自然环境与社会环境在内的整体环境中进行某种生态学分析，是定位于一种生态主义的政治学。这样，生态政治实现了"小政治"向"大政治"的转化，从而使传统的政治学的学科边界被大大延展到包括政治社会学或政治哲学。可以看出，生态政治是为了解决当前人类社会所面临的生态危机而产生的，体现了对生态问题的重视。

---

① 刘京希. 生态政治新论 [J]. 政治学研究，1997（4）：77.
② 黄爱宝. 生态政治的双重定位及其关系 [J]. 政治学研究，2003（11）：33.

由于在不同的历史时代和阶段人们所面临的主要问题不同，因此，作为上层建筑的政治发挥作用的侧重点会有所变化。但是不管时代以及政治发挥作用的侧重点怎样变化，政治的基本内容是不变的，正如列宁同志所讲的：政治就是参与国家事务，给国家定方向，确定国家活动的形式、任务和内容。生态政治就是要研究国家发展道路，国家各种活动的形式、任务和内容与生态问题和生态危机之间的关联，在此基础上然后进行正确的抉择，对原有的政治体系进行符合生态化要求的改造。

"生态政治主要是研究和处理政治与环境之间的关系……它把自然生态系统和人类社会系统看做一个相互作用和影响的统一整体，将建立可持续的社会、自然、经济作为其思考的中心，根据可持续发展战略的要求，变革政治价值观和政治思维、政治活动，从政治学的基本原则到政策操作层次，如政治民主、政治决策、政党参与等，再到国家权力的结构和分配，直至国家之间关系，系统地提出自己的见解和主张。"① 生态政治的实质就是把生态环境问题提到政治问题的高度，进而使政治与生态环境一体化发展，使政治生态化，最终促进全球政治与生态环境持续、健康和稳定发展。

## （二）政治生态化

政治生态化是生态政治的目标。政治生态化就是按照生态政治的要求，将生态危机问题纳入全球战略规划、政府决策、法制法规、公民政治参与、国际政治行为和公民意识教育等过程中，使政治行为和政治过程遵循公平性、持续性、协调性等原则，并符合生态系统自我调节、循环再生、生态平衡等生态学基本原理的要求。农村生态问题的解决既需要国家层面的生态政治行为，也需要有针对性的农村生态治理对策。本节将从宏观的一般层面和相对微观的针对农村的具体层面两部分展开论述。

---

① 肖显静. 生态政治何以可能 [J]. 科学技术与辩证法, 2000 (12): 4.

1. 参与全球环境治理，为解决中国生态问题奠定国际基础

人类只有一个地球，全球生态系统是一个不可切割的整体，生态问题的危害后果是不分国家和疆域的，因此，生态问题是全球共同的问题，也就需要全球共同治理。作为世界大国的中国，应该积极参与到全球生态治理中，中国也正在全球生态环境治理中承担着越来越重要的角色。

当前的国际环境治理体系，起源于 1972 年的人类环境会议。1972年之前，西方各发达国家逐渐遇到了工业化、城市化所带来的环境问题，尤其是"八大公害事件"更是引起了世界各国的高度关注，生态运动在西方主要发达国家轰轰烈烈的开展，逐步唤醒了全球的环境保护意识，引发了在政治、经济、法律、社会、伦理等各方面的深刻反思和相应的行动。专门负责环境事务的机构在原有的国际组织中发展出来，关于环境保护的公约相继出台，拉开了全球环境治理的大幕。

1972 年 6 月 5—16 日，为保护和改善环境，联合国在瑞典首都斯德哥尔摩召开了第一次人类环境会议，参会的有各国政府代表团及政府首脑、联合国机构和国际组织，会议讨论了当代环境问题和保护全球环境战略，通过了全球性保护环境的《联合国人类环境会议宣言》和《行动计划》。1972 年 6 月 10 日上午，中国代表团团长唐克代表中国在联合国人类环境会议上发言。这是中国参与国际环境治理的开始。

1973 年，联合国成立了作为全球环境治理的统一协调机构的环境规划署，还设立了环境规划理事会（GCEP）和环境基金。此后相继通过了一系列重要的环境公约。中国作为联合国的成员国，理当遵守相应的公约。在 1987 年第八次世界环境与发展委员会上通过的《我们共同的未来》，关注了人类的未来，提出了"可持续发展"的理念。

1992 年 6 月第一次世界环境与发展大会在里约热内卢召开，大会通过了《里约环境与发展宣言》《21 世纪议程》《关于森林问题的原则声明》等 3 个文件和《气候变化框架公约》《生物多样性公约》2 个公

约。这是全球环境治理体系发展的里程碑，它首次将经济发展与环境保护相结合，提出了可持续发展的重要理念。这一时期，《鹿特丹公约》《防治荒漠化公约》《京都议定书》相继签署。1992 年里约热内卢大会之后，中国在 1994 年第一个公布了《中国 21 世纪议程——中国 21 世纪人口、环境与发展白皮书》，不仅强化环境保护的国策，还先后提出了"转变经济增长方式""建立环境友好型、资源节约型社会""循环经济""低碳经济""生态文明"等战略方针。①

从 2002 年左右开始，由于多种原因，全球环境治理进入了一段徘徊分化的时期。美国退出《京都议定书》导致全球气候变化治理进程的推迟，经济危机也使得哥本哈根气候大会难以达成成果与共识。此外，虽然各方形成了近 500 个有关环境与资源的公约，但是各项公约在执行和监督、资金支持等方面并未统一，出现了治理碎片化的趋势。②

2012 年以来，全球环境治理的制度建设得到了加强，治理机制的网络化和多层化日益明显。2012 年 6 月联合国可持续发展会议（简称"里约+20"峰会）在巴西里约热内卢举行。中国作为负责任的发展中大国和新兴经济体的代表，一贯重视可持续发展，在促进全球环境治理体系建设上也发挥了更强大的作用。

2015 年 11 月 30 日，习近平在巴黎气候大会上作了《携手构建合作共赢、公平合理的气候变化治理机制》的重要讲话，阐述中国对全球气候治理的看法和主张。习近平在讲话中重申了中国此前做出的承诺。这些承诺包括：2030 年左右中国将使二氧化碳排放达到峰值，2030 年单位国内生产总值二氧化碳排放比 2005 年下降 60%～65%，非化石能源占一次能源消费比重达到 20% 左右，森林蓄积量比 2005 年增

---

① 里约+20 和中国的绿色未来［EB/OL］．（2012-6-17）．http：//green. sohu. com/20120617/n345819313. shtml.

② 于宏源，于雷．二十国集团和全球环境治理［J］．中国环境监察，2016（8）．

加 45 亿立方米左右。① 应对气候变化对中国政府而言，不仅是中国实现可持续发展的内在要求，也是深度参与全球治理、打造人类命运共同体的责任担当。2016 年中国作为主席国第一次发布了关于气候变化的主席声明，推动《巴黎协定》尽快生效。

对中国参与全球生态治理所取得的成绩，可以总结为以下两点。其一，中国在全球环境治理中的角色已经发生改变。2012 年以前以借鉴全球治理体系中的资源、技术与经验为主，2012 年以后中国则成为全球环境治理的贡献者、参与者和引领者。中国通过生态文明建设和国际上的积极行动为全球生态环境的治理贡献了中国方案与中国经验。其二，中国在全球环境治理中贡献了更多的领导力。美国、欧盟等传统的全球环境治理领导国家由于国内的原因显得后劲乏力，而中国由于国内的生态文明建设实践以及"一带一路"等政策的实施，逐渐成为全球生态治理的重要推动力量。

对中国参与全球生态治理的建议有：第一，继续坚持绿色发展，弥补环境治理短板。我国国内生态环境保护的行动和成效，是我国参与全球生态环境治理领导力的核心来源。因此要坚持绿色发展，重点解决好当前面临的大气污染、水体污染、农村污染等问题，弥补环境治理工作中的短板，为中国参与全球环境治理打下坚实的基础。第二，完善既有的全球环境治理的制度机制。通过支持联合国在环境方面的决议、积极履行国际环境公约和协定、推动相关公约生效等措施强化全球环境治理的领导力。积极参与联合国环境治理的相关行动，提出具有中国智慧和中国经验的治理方案。通过 G20、"一带一路"、金砖国家峰会等中国参与的合作平台，提高环境议程在这些平台中的重要性，通过这些平台制定的导则、决议，协调相关国家行动，强化有关环境保护的制度建

---

① 携手构建合作共赢、公平合理的气候变化治理机制［EB/OL］．新华网，http：//www. xinhuanet. com//world/2015-12/01/c_1117309626. htm.

设。① 此外，还要加强区域合作与贸易中的环境治理，强化中国参与全球环境治理的软实力与硬实力。

2. 选择可持续发展道路，为农村生态问题的解决奠定社会基础

当代环境问题和生态危机，使人们反思过去的发展道路和社会发展观。走可持续发展的社会道路是人类在反思传统发展观基础上提出的新的发展观，它是人类摆脱当前所面临的生态危机的必然选择。自改革开放经济快速发展以来，中国环境问题日益增多，发展受到资源、环境的约束越来越明显，加之国际社会环境保护的呼声越来越高，在这样的背景下，中国政府顺应时代发展的潮流，开始将可持续发展作为基本国策，探索可持续发展之路。

中国是最早提出并实施可持续发展战略的国家之一。中国政府参加了 1972 年斯德哥尔摩人类环境会议、1992 年的里约热内卢环境与发展大会、2002 年南非约翰内斯堡可持续发展首脑峰会、2012 年里约热内卢可持续发展会议等四次对可持续发展具有关键意义的大会。1992 年，中国政府向联合国环发大会提交了《中华人民共和国环境与发展报告》，对中国环境与发展的过程与状况作了系统回顾，同时报告也阐述了中国关于可持续发展的基本立场和观点。1992 年 8 月，中国政府制定《中国环境与发展十大对策》，提出走可持续发展道路是中国当代以及未来的选择。1994 年 3 月中国政府发布了《中国 21 世纪议程——中国 21 世纪人口、环境与发展白皮书》，确立了中国 21 世纪可持续发展的总体战略框架和各个领域的主要目标。

我国于 1996 年将可持续发展上升为国家战略并全面推进实施。当年 3 月经全国人大批准的《国民经济和社会发展"九五"计划和 2010 年远景目标纲要》，把可持续发展作为一条重要的指导方针和战略目

---

① 梅凤乔，包堉含. 全球环境治理新时期：进展、特点与启示 [J]. 青海社会科学，2018（4）：66.

标，明确了中国实施可持续发展战略的重大决策。中国"十五"计划还具体提出了可持续发展各领域的主要目标，并专门编制和组织实施了生态建设和环境保护重点专项规划，将可持续发展战略的要求全面地体现在社会和经济的其他领域中。①

进入21世纪，中国进一步深化对可持续发展内涵的认识，于2003年提出了以人为本、全面协调可持续的科学发展观，将其作为中国经济社会发展的指导思想。此后，"又先后提出了资源节约型和环境友好型社会、创新型国家、生态文明、绿色发展等先进理念，并不断加以实践。"②

2007年，党的十七大将生态文明建设作为国家发展的战略目标，提出了"建设生态文明，基本形成节约能源资源和保护生态环境的产业结构、增长方式、消费模式……生态文明观念在全社会牢固树立"③的历史任务。生态文明是对工业文明的超越，代表了一种更为高级的新型人类文明形态。2012年11月，党的十八大做出"大力推进生态文明建设"的战略决策，从10个方面描绘出生态文明建设的宏伟蓝图。2015年5月5日，《中共中央国务院关于加快推进生态文明建设的意见》发布。2015年9月11日，经中央政治局会议审议通过发布的《生态文明体制改革总体方案》，从推进生态文明体制改革要树立和落实的正确理念到要坚持的"六个方面"，全面部署生态文明体制改革工作，细化搭建制度框架的顶层设计，进一步明确了改革的任务书、路线图，为加快推进生态文明体制改革提供了重要遵循和行动指南。2015年10月，加强生态文明建设首次被写入国家五年规划。2017年，习近平在

---

① 中华人民共和国可持续发展国家报告［EB/OL］.（2012-6-4）. http：//www. gov. cn/gzdt/2012-06/04/content_2152296. htm.

② 中华人民共和国可持续发展国家报告［EB/OL］.（2012-6-4）. http：//www. gov. cn/gzdt/2012-06/04/content_2152296. htm.

③ 胡锦涛在中国共产党第十七次全国代表大会上的报告（全文）［EB/OL］.（2007-10-24）. http：//news. sina. com. cn/c/2007-10-24/205814157282. shtml.

党的十九大报告中强调，生态文明建设功在当代、利在千秋。我们要牢固树立社会主义生态文明观，推动形成人与自然和谐发展现代化建设新格局，为保护生态环境作出我们这代人的努力。①

可持续发展的发展道路以及生态文明社会发展形态的选择，是中国政府面对国内外的环境问题的挑战，结合中国社会发展状况，在反思以往发展道路和模式的基础上，对中国未来发展道路的探索。这种新发展模式，是当前人类社会摆脱经济危机的必然选择。可持续发展战略和"五位一体"生态文明建设的落实与推动，是对解决中国生态问题的最大保障，也是对解决全球生态问题的重大贡献。

### 3. 政府决策生态化，为农村生态问题的解决奠定政策基础

作为中国特色社会主义生态政治根本目标的社会主义生态文明，是超越西方资本主义工业文明的生态文明。生态文明建设是包括政治、经济、文化、社会、生态在内的全方位的系统工程，在生态环境保护与经济发展压力之间冲突较大的背景下，政府在其中起到关键的主导作用。无论是作为执政党的中国共产党，还是各级政府，在制定各种规划、计划时，从目标到过程再到具体措施，都要体现生态要求。

首先，规划以及计划等的制定应该将生态的可持续发展作为主要目标，决策过程中要体现生态理念。我国2006年的"十一五规划"，将建设资源节约型和环境友好型社会作为主要目标，2011年发布的"十二五规划"将资源节约、环境保护成效显著作为主要目标，2016年发布的"十三五规划"将生态环境质量总体改善作为基本目标之一，这说明在国家宏观决策中将生态的可持续发展作为基本的目标，体现了生态要求。同时，各地方政府在制定本地区经济社会发展规划时，也将生态文明、可持续发展、绿色发展等理念融入其中，追求全方位的协调

①　习近平：决胜全面建成小康社会　夺取新时代中国特色社会主义伟大胜利——在中国共产党第十九次全国代表大会上的报告［EB/OL］．（2017-10-27）．http：//www.gov.cn/zhuanti/2017-10/27/content_5234876.htm.

发展。

其次，具体政策和措施要能够落实生态可持续发展的要求。例如规划建设中的"经济建设、城乡建设和环境建设要同步规划、同步实施、同步发展"的"三同时制度"；实行国土空间分类管理，划分为优化开发、重点开发、限制开发与禁止开发四类，划定生态功能区，将新型工业化与生态环境保护、经济发展方式转变以及民生保障和改善有机结合起来；政府"环保风暴行动"等等。

从各种国家发展规划、计划的制定，到落实计划和规划目标的具体措施的制定，都体现了对生态可持续发展的基本要求。可以说，政府决策的生态化为农村生态环境的治理从宏观层面打下了基础。同时，地方政府针对本地具体情况落实国家发展规划要求、制定针对农村发展的政策措施时，也要将决策生态化作为基本的考量。

## 4. 法律法规生态化，为农村生态问题的解决奠定法制基础

法律法规的强制力，是生态保护目标得以实现的有力保障。要制定与完善各种适应中国国情的自然资源与生态环境的法律法规。

首先是制定并完善环境治理与保护方面的法律法规。我国当前已经建立起比较完善的环境法律法规体系。专门涉及农村生态保护和环境治理的法律开始于 1989 年的《中华人民共和国环境保护法》，其后的《中华人民共和国农业法》(1993 年)、《中华人民共和国固体废物污染环境防治法》(1995 年)、《中华人民共和国农药管理条例》(1997 年)、《中华人民共和国水土保持法》(1991 年)、《中华人民共和国乡镇企业法》(1996 年)，都有关于农村环境问题的规定。2000—2012 年，在建设社会主义新农村背景下，完善农村环境保护的法律法规的主要工作有：修订了《农业法》《水污染防治法》《固体废物污染环境防治法》《水土保持法》；新制定了《中华人民共和国水土保持法实施细则》(2011 年)，制定了涉及面源污染防治(规模化经营污染防治)的《畜禽养殖污染防治管理办法》(2001 年)、《秸秆禁烧和综合利用管理办法》(2003 年)。

2013—2018 年，我国涉及农村生态方面法律的修订体现了生态文明建设的要求。

目前，我国已经形成了相对完善的农村环境法律体系。既有适用于全国的《中华人民共和国环境保护法》(2015 年修订)、《中华人民共和国大气污染防治法》(2015 年修订)、《中华人民共和国固体废物污染环境防治法》(2016 年修订)、《中华人民共和国水污染防治法》(2017 年修订)等，也有针对农村环境保护的《农药管理条例》(2017 年修订)、《畜禽规模养殖污染防治条例》(2013 年)、《土壤污染防治行动计划》(2016年)、《农用地土壤环境管理办法》(试行)(2017 年)等规范性文件和行政规章，着力于解决农药及家禽养殖污染和污染土壤修复问题，为解决农村土壤污染提供了制度保障。

从改革开放 40 多年来我国农村生态保护法律的发展可以看出，"中国农村环境法律制度的变迁模式呈现了叠加渐进式制度变迁的特征"。① 通过对制度的修改、校正和补充，使其能够适应农村环境保护的需要。但是，从这些法律的实际效果进行反向推导，就会发现中国农村环境保护法律制度仍存在一些问题，主要是有效性不足、效率性匮乏、操作性不强、清晰度不够等。

在我国全面进入小康社会和社会主义现代化建设的大背景下，我们还需要从生态文明的高度完善法律法规，用可持续发展理念对法律进行整合和修订，建立可持续发展的法律体系。

此外是完善包括刑法等法律在内的其他法律法规，将生态保护理念融入其中，构建起符合生态文明要求的法律法规体系。

5. 公民参与生态治理，为农村生态问题的解决奠定公众基础

相对广义政府而言，广义的公民包括生态非政府组织、企业、个人

---

① 傅晶晶，赵云璐. 农村环境法律制度嬗变的逻辑审视与启示 [J]. 云南社会科学，2018 (5)：35.

等。"广大公民成为当代中国生态政治发展的根本主体动力"，① 也是中国农村生态治理的重要主体动力。广大公民通过各种直接或间接的方式，对政府的生态决策以及执行活动施加影响，从而制约政府的生态行为，以实现公民生态利益的最大化，这是我国公民参与生态治理的主要形式。政府应该制定可操作性的公民参与制度和机制，鼓励并保障公民参与到生态治理中。

此外，一定范围内的生态自治以及公民和政府的生态合作也是需要鼓励的。在各种基层社区自治和村民自治迅速发展的今天，在服务型政府建设日益深入的背景下，生态自治和生态合作治理也会越来越成为促进政治生态化的重要方式。

### 二、绿色经济制度与经济的绿色化

以工业化为典型特征的现代生产，是现代经济发展的主要方式。现代经济发展方式被认为是当代生态危机产生的重要根源之一，所以，对经济制度进行生态化审查，并进行相应的改造，是经济绿色化的必然要求。

### 1. 构建"顺应自然"的自然资源管理制度

水、生物、气候、矿藏、海洋、土地等自然资源，是生产的原料来源或布局场所。如何对人类赖以生存的自然资源进行管理和保护，是个重要问题。在自然资源的管理和保护上，存在着"功利主义"和"超越功利主义"这两条路线。两者都强调自然保护的重要性，但是它们在价值观和保护目的上存在明显的差异。20 世纪初，美国在自然保护上曾经出现过明显的两军对垒的形势：一方是以吉福特·平肖为代表的资源保护主义者，另一方是以约翰·缪尔为代表的自然保护主义者。前

① 黄爱宝. 当代中国生态政治发展的动力资源 [J]. 南京林业大学学报，2012 (9)：4.

者多来自官方，他们主张对资源进行"科学的管理，明智的利用"，保护的目的是为了人类能够更好地利用及维护人类经济体系，这种保护明显是以人类利益为中心的。后者多来自学界或民间，他们主张不是为了人的利益而是为了自然资源本身的利益，不是为了利用而是为了自然资源本身而保护，这是一种超越功利主义的自然保护思想。

功利主义的环境保护思想，在现实社会中压倒了超功利主义思想，成为 20 世纪以至 21 世纪主流的自然资源保护指导思想。无论是 1987 年世界环境与发展委员会所发布的《我们共同的未来》报告，还是 1992 年联合国在"环境与发展大会"通过的以可持续发展为核心的《里约环境与发展宣言》《21 世纪议程》等文件，它们都是功利主义的，都体现了人类中心主义。1997 年中国政府将可持续发展确定为"现代化建设中必须实施"的重大战略，并通过各种制度和政策来努力实现社会、生态、经济的可持续发展，与西方国家一样，我国的可持续发展对自然的保护也是为了人类的未来而保护、为了人类的发展而保护，可以说，也是功利主义的。

1995 年世界银行颁布了衡量国家财富的新标准，将土地、森林、大气、水等自然资本纳入社会财富的评价指标中。对于这些人类共同的社会财富如何管理，是需要认真研究的问题。目前实行的"科学的管理、明智的利用"的资源管理模式是"人类中心主义"的，它存在着自身的缺陷，"顺应自然"的资源管理模式值得我国借鉴。

首先，要树立顺应自然的自然资源管理理念。主张顺应自然，因为最了解自己的还是自然自身，我们应该更多地深入到自然之中去认识自然。对荒野的认识和体验是现代人走向真正成熟必不可少的步骤，因此应该提倡人们深入到自然或荒野中进行体验和感悟，促使人们实现从大地的征服者向大地共同体中普通一员的角色转换。在管理中，我们应顺应自然规律，依靠自然法则来进行管理，尽量减少对自然的干预。当然，这并不意味着在自然面前人们无所作为。相反，人们应该在顺应和遵循自然规律的基础上进行管理和利用，达到无为而治。实际上我国传统文化中有"天人合一"、"顺应自然"等大量的生态文化资源，这对我国树立起超功利的资源保护理念是非常有利的。我们反对为了人类更好地利用自然而进行的自然保护，反对由专家们按照抽象模型对自然进行管理。

其次，超功利主义的资源保护，是建立在生态学基础上的，它有利于包括人类利益在内的生态系统整体利益的发展。

最后，在生态保护实践中可以尽可能地划定出保护区，对荒野进行保护。荒野的真实性、自然性及价值多重性，对自然和人类均具有重要的意义。

综上所述，自然资源的规划、利用和管理，是国家从整体的综合的角度对生态的保护和管理，体现了国家发展理念。这既影响一个国家的宏观发展走向，也影响到农村的生态保护。在顺应自然的保护理念下，农村地区会出现更多的生态功能区和自然保护区，甚至可以进行小范围的生态自治。

### 2. 构建适合农村的自然资源保护制度

农村的各类资源大体可以分为三类，一是土地、林木等具有私人物品属性的非流动性资源，二是大气、水体等具有准公共物品属性的流动性资源，三是涉及国家安全、社会福利的公共资源。对不同类型的资源，适用的管理制度侧重点有所不同。

首先，完善自然资源产权制度，深化农村产权制度改革。林木、土地等具有私人物品属性，要通过产权制度进行保护。当前，我国农村土地、森林等资源属于国家或集体所有，农民最主要的权利是承包经营权。改革开放以来，以土地承包经营为核心的家庭联产承包责任制对促进我国农村经济的发展起到至关重要的作用。根据《农村土地法》的规定：耕地的承包期为 30 年，草地的承包期为 30 年至 50 年，林地的承包期为 30 年至 70 年。2017 年 10 月，党的十九大报告指出，巩固和完善农村基本经营制度，深化农村土地制度改革，完善承包地"三权"

分置制度，保持土地承包关系稳定并长久不变，第二轮土地承包到期后再延长 30 年。按照"谁治理、谁受益"的原则对荒山、荒坡、滩涂实行承包经营，可以盘活有限的社会资源与环境资源，调动各方进行环境资源的开发、利用和保护的积极性。

其次，深化农村产权交易制度改革。2015 年 1 月国务院发布了《关于引导农村产权流转交易市场健康发展的意见》，它是第一部针对农村产权流转交易市场的全国性指导文件。该《意见》将土地经营权分离出来，对农村土地流转领域的所有权、承包权和经营权进行了分类指导，强调指出：农村产权交易以农户承包土地经营权、集体林地经营权为主，且不涉及农村集体土地所有权和依法以家庭承包方式承包的集体土地承包权。

最后，完善生态补偿制度，推动农村生态保护。生态补偿是指对个人或组织在森林营造培育、自然保护区和水源区保护、流域上游水土保持、水源涵养、荒漠化治理等环境修复与还原活动中，对生态环境系统造成的符合人类需要的有利影响，由国家或其他受益的组织和个人进行价值补偿的环境法律制度。我国广大农村地区是基本的生态功能区和生态系统保护的主体地区，在这些地区进行生态保护必然对该地农民发展机会和权利造成损坏，因此，进行生态补偿既是公平原则的要求，也是促进生态保护的基本要求。要探索多样化的补偿方式，包括资金、技术、实物上的补偿，政策上的优惠以及教育费用的支出等；探索包括政府通过公共财政转移支付在内的多样化补偿途径；完善主要是根据机会成本损失进行补偿的补偿标准。此外，还应积极探索区域间生态补偿方式，加大生态脱贫的政策扶持力度，加强生态移民的转移就业培训工作，加快农民脱贫致富进程。

此外，还要完善排污收费制度、环境税制度、排污权交易制度等经济制度，探索其在农村的具体运用细则，为农村自然资源的保护保驾护航。

### 3. 完善并落实推动生态农业发展的制度

2017 年 9 月，中共中央和国务院联合印发的《关于创新体制机制推进农业绿色发展的意见》，构建了新形势下推进农业绿色发展的制度框架。① 各省市和地区要抓紧落实该《意见》，建立并完善相应的制度，以促进绿色农业发展。

应完善农业资源环境管控制度，强化耕地、草原、渔业水域、湿地等用途管控，坚持最严格的耕地保护制度，建立农业产业准入负面清单制度，因地制宜制定禁止和限制发展产业目录。建立农业绿色循环低碳生产制度，针对不同地区的自然资源禀赋，探索相应的绿色农业发展方式。探索建立贫困地区农业绿色开发机制，将生态产业发展与精准脱贫有机结合起来。根据用地与养地相结合的原则，建立耕地轮作休耕制度。建立节约高效的农业用水制度，健全农业生物资源保护与利用体系。构建田园生态系统，实现农田生态循环和稳定。创新草原保护制度，健全水生生态保护修复制度。实行林业和湿地养护制度，加快构建退耕还林还草、退耕还湿、防沙治沙，以及石漠化、水土流失综合生态治理长效机制。完善耕地、草原、森林、湿地、水生生物等生态补偿政策，继续支持退耕还林还草。建立绿色农业标准体系，推动绿色农业发展。构建支撑农业绿色发展的科技创新体系，加大绿色科技联合攻关力度。建立农业资源环境生态监测预警体系，确保在资源环境许可范围内的农业发展。健全农业人才培养机制，培养绿色农业人才和新型职业农民以及新兴农业经营主体。建立完善严格考核奖惩制度，确保绿色农业各项要求的实现。目前，吉林、安徽、甘肃等省都根据本地区的实际，出台了一些规章、措施，以落实《意见》中的任务和要求。

---

① 中共中央办公厅 国务院办公厅印发《关于创新体制机制推进农业绿色发展的意见》［EB/OL］. 中华人民共和国中央人民政府，（2017-9-30）. www.gov.cn/zhengce/2017-09/30/content_5228960.htm.

### 4. 农村污染防治制度应以命令控制型为主、市场激励型为辅

当前在农村环境治理方面，主要制度有两类，一是"命令控制型"制度，是指采用行政手段通过监督执法与惩罚，实现污染防治的目的。这类制度主要包括行政许可、环境标准、禁令等。二是"市场激励型"制度，是指采用经济手段，利用市场机制激励排污者主动将环境外部成本内在化，主要有产权界定、排污权交易制度等。这两种类型的制度各有优劣，命令控制型制度的优势在于其强制性与确定性，缺点在于对执法与监督的依赖程度较高，从而导致治理成本过高、实效性不明显。市场激励型制度的优势在于效率性和灵活性较强，能刺激农村主体运用环境技术或生态化管理手段，缺点则在于最优税率或产权制度的制定不易，要经过大量试错方能实现，很难一步到位达到污染防治目的。因此，农村环境污染防治制度，应当组合运用这两类制度，建立以"命令控制型为主，市场激励型为辅"的制度组合。

**农村环境规制策略组合及其适用范围**

| | 环境规制工具 | 功效 | 适用范围 |
|---|---|---|---|
| 命令控制型规制工具 | 环境标准 | 环境质量标准是评价环境质量优劣的标尺，反映了控制以及削减环境污染的意愿；污染物排放标准则限定了允许排污量的阈值，是环保部门进行监督执法的依据 | 农村点源污染、农村面源污染 |
| | 许可证 | 通过发放一定数量的排污许可证，将一个地区的排污水平控制在环境负载量之内 | 农村点源污染 |
| | 强制性技术规制 | 通过要求排污者采用特定的技术或措施达到防止污染的目标 | 农村点源污染 |

（引自傅晶晶，赵云璐. 农村环境法律制度嬗变的逻辑审视与启示［J］. 云南社会科学，2018（5）：41-42.）

在点源污染的防控方面，"命令控制型"制度具有明显优势。制定科学、合理的环境质量标准和污染物排放标准，是环保部门进行执法监督的依据。可以将环境标准制度与排污许可证合并应用、综合管理，符合环境质量标准的才发放许可证；同时通过强制性技术规制，从源头预防并综合治理各类点源污染。

对面源污染的防控，市场激励型制度具有不可替代的优势。因此，为尽量减少对土壤的污染，可以对诸如重金属含量高的农药、化肥等产品征收销售税；为了最大化地促进农膜、塑料包装等农业废弃物的合理回收，可以采用环境押金制度，当相关的制成品返回到指定的资源回收利用部门时，退款给农民；为引导农户生产行为向绿色发展行为转变，可以向自愿使用先进绿色生产技术手段的农户实施补贴。

农村环境规制策略组合及其适用范围

| | 环境规制工具 | 功效 | 适用范围 |
|---|---|---|---|
| 市场激励型规制工具 | 产品税 | 向排污者提供持续的经济刺激以达到减少排污的目的；刺激各种环境技术和生产要素的创新 | 农村面源污染（农药、化肥） |
| | 押金—退款制度 | 鼓励具有潜在污染性商品的生产者和使用者安全地处置相应商品 | 农业面源污染（塑料制品） |
| | 政府补贴 | 鼓励农民实行亲环境的生产方式和技术 | 推动绿色生态农业发展 |

（引自傅晶晶，赵云璐.农村环境法律制度嬗变的逻辑审视与启示［J］.云南社会科学，2018（5）：41-42.）

当前，为了大力推动生态农业的发展，在环境保护与治理方面要重点建立并完善以下机制。一是建立工业和城镇污染向农业转移防控机制。制定农田污染控制标准，建立监测体系，严格工业和城镇污染物处理和达标排放，依法禁止未经处理的工业和城镇污染物进入农田、养殖水域等农业区域。强化经常性执法监管制度建设。出台耕地土壤污染治理及效果评价标准，开展污染耕地分类治理。二是健全农业投入品减量使用制度。继续实施化肥农药使用量零增长行动，推广有机肥替代化肥，强化病虫害统防统治和全程绿色防控。完善农药风险评估技术标准体系，加快实施高剧毒农药替代计划。规范限量使用饲料添加剂，减量使用兽用抗菌药物。建立农业投入品电子追溯制度，严格农业投入品生产和使用管理，支持低消耗、低残留、低污染农业投入品生产。三是完善秸秆和畜禽粪污等资源化利用制度。四是完善废旧地膜和包装废弃物等回收处理制度。加快出台新的地膜标准，依法强制生产、销售和使用符合标准的加厚地膜，以县为单位开展地膜使用全回收、消除土壤残留等试验试点。建立农药包装废弃物等回收和集中处理体系。

### 三、生态文化建设与农村文化的生态化

关于文化，有多种理解和定义。余谋昌教授从人与自然关系的视角将文化定义为："人类适应自然的方式。即文化是人类在自然界生存、享受和发展的一种特殊方式；或者，文化是人类区别于动物的存在方式。"① 这是从广义上对文化的界定。从作为一种生存方式的文化角度出发，文化建设包括经济、社会、制度、文化等各领域的内容。从物质文化的生产到制度文化的建设再到狭义文化建设，都是文化建设的内在要求。

生态文化是与生态文明相适应的、正在崛起的新兴文化，是从人统治自然的文化过渡到人与自然和谐的文化。生态文化包括物质文化、制度文化和精神文化三方面的内容。相应的，农村生态文化建设包括农村物质生态文化建设、农村制度生态文化建设以及农村精神生态文化建设三方面。生态文化建设的目标是实现文化的生态化，也就是人生存方式

---

① 余谋昌. 生态文化论 [M]. 石家庄：河北教育出版社，2001：328.

的生态化，实现人与自然和谐的生存。

物质文化指为了满足人类需要所创造的物质产品及其所表现的文化的总称，它包括一系列物质生产的方法、技术、经验等。农村物质生态文化建设，就是要用人与自然和谐的方式，按照生态规律创造物质财富，在这一过程中反映出生态化的技术、手段、方法、规则等。当前，要大力倡导并推动有机农业、绿色农业、无公害农业等生态农业发展，以进行农村物质生态文化建设，为农村生态化发展奠定物质基础。

农村制度生态文化建设目标是建立起与农村生态化生产方式相适应的生态化社会制度。按照生产力与生产关系、经济基础与上层建筑的矛盾运动规律，作为上层建筑一部分的社会制度，必须要与社会发展特定阶段和特定的生产方式相适应。当前我国正值全面小康社会建设的关键期，与美丽乡村和美丽中国建设要求相适应的制度是人与自然和谐的生态化制度。因此，农村制度生态文化建设就主要包括以承包经营制度为主的农村产权制度、农民合作组织制度、绿色农业发展推进制度等。

农村精神生态文化是观念层面的文化，是倡导人与社会、人与自然和谐相处的观念体系，是人们根据生态关系的需要和生态规律，解决人与社会、人与自然关系问题所反映出来的思想、观念、意识的总和。作为文化核心部分的精神文化，是人类生存的一种导引性文化，它为人们的生产、生活指明了方向。因此，农村精神生态文化建设就非常有必要。农村精神生态文化建设的内容包括生态价值观与生态伦理（生态道德）、生态科技、生态教育等几个方面。

## 第三节　绿色（生态化）生活方式的培育

社会是由人组成的共同体。每一个活生生的人的具体行为，塑造了整个社会的发展，也决定了人与自然之间的关系如何。要想切实解决好当前我国的生态环境问题，推动公众生活方式绿色化尤为重要。农民是美丽乡村建设的主体，是乡村振兴的主要承担者，他们能否采取绿色生态化的生活方式，对农村生态环境保护与生态治理具有重要意义。

## 一、倡导追求绿色（生态化）生活方式

生活方式是与生产方式相对应的概念。狭义的生活方式指个人及其家庭的日常生活的活动方式，包括衣、食、住、行以及闲暇时间的利用等。广义的生活方式指人们一切生活活动的典型方式和特征的总和，包括人们的物质资料消费方式、精神生活方式以及闲暇生活方式等内容。生活方式是个人的情趣、爱好和价值取向的反映，具有鲜明的时代性。

现代消费生活方式被认为是环境问题产生的重要原因。20世纪60年代以来西方的环境危机现状和环保运动促使人们思考生态问题产生的根源及解决办法，而1972年罗马俱乐部发布的报告《增长的极限》则促使人们思考地球资源的有限性以及以现有速度开发资源的不可持续性。人类日益增长的消费与地球有限的资源承载能力之间凸显的矛盾，使得有识之士认识到必须限制人们的过度消费，以缓解这种矛盾。产生于20世纪70年代并逐步发展为具有较大社会影响的生态学马克思主义，认为生态危机"根源在于生态系统的有限性使得资本主义无法维系为了满足人们的异化消费而不断扩张的资本主义工业生产……"① 在生态学马克思主义看来，西方资本主义国家盛行的消费主义价值观鼓励所有人把消费活动置于他们日常生活的中心地位，并促使人们不断产生新的需求体验。在当前的资本主义社会，人们消费的不再是各种各样商品的使用价值，而是变成了对商品的符号性消费，也就是说，人们把消费看做幸福本身。"这种消费主义的价值观和生存方式必然使得人们走向对自然的过度掠夺和对商品的无止境追求和消费，造成日益严重的生态危机。"② 可以说，降低对物质的过度追求、限制过度消费一时之间

---

① 王雨辰. 生态批判与绿色乌托邦——生态学马克思主义理论研究［M］. 北京：人民出版社，2009：176.

② 王雨辰. 生态批判与绿色乌托邦——生态学马克思主义理论研究［M］. 北京：人民出版社，2009：181.

成为学界的共识。

自 1978 年改革开放以来，伴随着中国市场经济的确立、发展与产权制度的改革，人们的价值观也在不断改变。从"文革"时期人们把私欲看做绝对的恶而坚决反对，到改革开放后以赚钱为生活主旨，在这个变化过程中中国社会显示出了某些消费社会的特征。尤其是进入 21世纪，随着物质生活水平的提高，消费主义开始成为许多人的生活方式。"消费主义是从属于'资本的逻辑'的意识形态。消费主义的实质是物质主义……"① 消费已经成为某些人的人生根本意义。在消费主义者看来，不同等级商品和服务是社会中人们不同等级、阶层、身份、地位和自我实现程度的标识，因此他们会尽可能占有高档的商品和享受高档次的服务，并把这种不懈的追求作为人生的全部意义。由此可以看出，这种高消费必然要求高生产，而高生产必然会带来资源和能源的高消耗，这导致资源有限性的矛盾将更加突出。因此，限制过度消费、倡导合理消费也成为我国当前的必然选择。

基于此，绿色、简朴的生活方式成为一些专家学者的选择。格雷格在 1936 年首次提出追求简单和纯粹、避免大量财富堆积的"极简生活方式"。20 世纪 70—80 年代，绿色的极简生活方式逐渐被重视。埃尔金和米切尔将绿色生活方式的基本价值取向归纳为物质简化、自我决定、环境关心、缩小规模、内在提升。奈斯的深层生态学倡导简朴的生活方式。奈斯重视生活质量，尤其是重视精神生活的丰富，反对过度的物质消费。在奈斯看来，人们生活的目标应是多样的，不应以过度消费为目的。此外，奈斯倡导从我们自身做起，每个人都应身体力行。奈斯虽然没有给其倡导的深层生态生活方式一组形式化的精确标准，但他给出了 25 条十分具体的行动建议，包括使用简单工具，财产够用即可，爱惜旧物，尽量素食，以及到自然中生活，对野生物种和区域生态系统进行保护，选择有意义的生活，参与和支持非暴力的直接行动等。

---

① 卢风. 从现代文明到生态文明 [M]. 北京：中央编译出版社，2009：244.

新世纪以来，随着物质的丰富、商业广告的铺天盖地以及大众消费观的转变，在我国高消费甚至是奢侈消费之风开始弥漫，这会加剧环境危机。奈斯所倡导的简朴生活值得我们借鉴。我们应该从基层做起、从每个人自身做起，过简朴而丰富的生活。深层生态运动中所使用的"活着也让别人活着"、"让河流尽情地流淌"等标语和口号令人印象深刻，这种用公众所熟知的格言、短语表述丰富内涵的引导方式值得我们借鉴。

## 二、绿色（生态化）生活方式的培育

马克思、恩格斯指出，在社会生产的每个时代，都有"这些个人的一定的活动方式……他们的一定的生活方式"。① 也就是说，生活方式具有明显的时代性。当前，我国已经进入中国特色社会主义现代化建设的新时代。在这个生态文明建设的时代，人们的生活方式也应该与时俱进，养成绿色的、简朴的生活方式。《中共中央关于制定国民经济和社会发展第十三个五年规划的建议》提出："坚持绿色富国、绿色惠民，为人民提供更多优质生态产品，推动形成绿色发展方式和生活方式，协同推进人民富裕、国家富强、中国美丽。"2015 年 4 月 25 日，中共中央和国务院联合发布的《关于加快推进生态文明建设的意见》指出，要"广泛开展绿色生活行动，推动全民在衣、食、住、行、游等方面加快向勤俭节约、绿色低碳、文明健康的方式转变"。

### 1. 绿色生活方式

绿色生活方式是对现代生活方式的反思和挑战。绿色生活方式是绿色发展重要的实践途径，它要求人们充分尊重生态环境，倡导勤俭节约的消费观念。目前，有学者认为绿色生活方式内涵主要包括三个方面：首先是环境友好，包括理念上尊重自然、顺应自然、保护自然，行为上

---

① 马克思恩格斯文集（第一卷）[M]. 北京：人民出版社，2009：520.

遵照环境保护法律规定、行使环境监督和享有健康环境的权利；其次是资源节约，减少不必要的消费，遵循社会长远利益，谋求可持续发展；最后是精神丰富，追求精神的提升和真实自我价值的实现。① 生活方式绿色化，既可以倒逼生产方式绿色化，从源头减少污染排放，又可以从日常小事入手规范和引导公众践行绿色生活。

农村绿色生活方式的培育，目标主要有三个方面，一是从观念到行为上都是环境友好型的，二是节俭和适度消费，三是追求精神的富足。

### 2. 农村绿色生活方式的培育路径

农村绿色生活方式的培育是一项长期的、复杂的系统工程，需要政府、农民、企业、专家、社会组织等各方共同努力，不仅从理念上提高人们对绿色生活方式重要性和必要性的认识，同时政府要从政策导向、法律制度、文化机制等方面进行引导和保障。

（1）政府作为乡村生态治理的主导者，要多举措增强农民绿色生活理念

首先，加强绿色生活方式的宣传。广播、电视、宣传册等传统的宣传方式，在农村宣传和文化传播中仍然具有一定的作用，尤其是针对受教育程度不高不会应用新媒体的中老年人。同时，在互联网技术和新媒体时代，更应该充分发挥现代化手段和新媒体的优势，建议环保部门和环保公益组织开发面向农民的绿色生活 APP，或者通过建立 QQ 群、微信群等社交媒体，让农民加入进来，随时随地了解国家绿色发展、绿色生活的动态与相关的政策法规，提高农民对绿色生活重要性的认识，确立起绿色生活的理念。宣传方式要做到传统与现代相结合、线上与线下相结合。

其次，形成绿色文化氛围。当前我国包括广大农村在内，绿色生活

---

① 洪大用，李阳．推进绿色生活方式培育的科学化［J］．广东社会科学，2017（1）：186．

方式都是非主流的，有的学者甚至认为绿色生活方式近期难以成为中国社会的主流生活方式，原因之一是社会文化和社会心理的影响。冯永锋认为公共精神和关注自然细节的传统在中国不具备，无论城市还是农村都具有很强的"一次性"心理，物品随时抛弃和更换，将居住地也视为一次性用品，缺少保护自然和谋求持久发展的意识。在卢风看来，对物质主义和科学进步的盲目信仰导致大多数人虽然意识到环境问题，但仍坚持"大量生产、大量消费"的生活方式，将物质财富的创造、占有和消费当做人生的根本意义，同时他们相信科学进步能够保证人类随心所欲地控制环境并制造更多的物品。因此，必须从文化层面上进行整体的改变，形成绿色文化氛围。这就需要政府从国家大政方针及法律法规、到政府行为、再到文化宣传教育等领域系统地推进，形成绿色发展、可持续发展、绿色消费、绿色出行、绿色实践等文化氛围。

最后，加强绿色生活教育。孩子是乡村的未来，也是乡村文化的重要传播力量。建议针对中小学生进行比较系统的绿色教育，然后通过这些孩子影响到其家庭成员，从而实现绿色教育效果的延展。另外，还可以通过邀请专家或环保人士开展讲座的方式，给农民进行专题教育。例如开展农药的危害及使用规范、化肥的使用、固体废弃物如何处理更科学等专题教育，引导农民形成绿色生活习惯。

（2）以政策和制度引导并约束农民形成绿色生活习惯

农民生活方式绿色化的培育与养成，不仅需要农民自觉参与，积极转变理念，同时还需要国家相应的政策、制度的引导和规范。首先要构建起推动农民绿色消费的制度体系。例如以农产品包装的押金制度促进农产品包装的回收再利用，以绿色产品认证标准和管理制度引导农民绿色消费，加大对乡村的绿色产品供给并探索购买补贴制度。其次要构建起由政府引导、公众和社会组织参与、市场响应的长效运行机制，约束各种主体按照各自的职责、义务从事相应的活动，在日常的衣、食、住、行、游等活动中，做到绿色消费、绿色出行。

（3）大力推进乡村经济社会的发展，为农民绿色生活方式的形成

奠定经济和社会基础

受城乡二元发展模式和形成的二元结构的影响，我国城乡间的差距明显。这种差距表现为乡村经济发展程度、基础设施和公共产品提供状况、农民受教育程度和进一步受教育的机会等方面的落后。按照马克思的历史唯物史观，人们的思想作为社会意识形态的一部分，是由一定的社会历史发展状况决定的，同时人们的行为又是以思想观念为先导的。所以，要想促使农民形成绿色生活行为习惯，必须从最基础的经济社会改变做起。古人云：仓廪实而民知礼节。现在同样可以说：民富足而知环保。所以，要大力推动乡村经济振兴和社会发展，为农民绿色生活方式的形成奠定经济和社会基础。

首先，以乡村振兴为契机，大力推进产业振兴，为乡村绿色生活提供必要的经济前提。当前，我国正处于全面小康社会建设的关键期，乡村振兴战略正是针对我国农村发展落后这一发展短板而提出的措施。所以，要大力推动乡村振兴战略的落实，以产业振兴为龙头和抓手，推动乡村经济大发展。要发展特色生态产业。政府及相关部门要以市场为导向，对地区产业布局进行优化调整，因地制宜地发展以县、村为单位的特色生态农业。如湖北大别山地区就形成了"罗田一只羊"的黑山羊养殖产业、"蕲春一棵草"的蕲春艾草加工产业、"英山一片茶"的英山茶叶种植产业等特色产业。发展农产品深加工业，延长产业链，实现一产与二产、三产的融合发展。大力发展乡村生态旅游，促进经济发展和生态改善的同步。例如湖北省近年来借助全国旅游业的迅猛发展的势头，以"五级联创"来推动地区特色旅游，打造旅游强县、旅游名镇、旅游名村、星级农家乐、休闲农业与乡村旅游示范点，取得了很大的成效。

其次，要加大投入，为乡村提供更多的绿色产品和绿色出行选择。加强农村基础设施建设，是实现城乡一体化的重要方面。农村基础设施的建设与完善，不仅有助于降低农业生产成本，提高农业生产效率，促进经济增长和农民增收，而且可以加强城乡之间的交流。当前，我国不少农村环保基础设施基本上处于真空状态，所以要加大乡村固体垃圾处理、废水处理等环保基础设施的投入与改造，使农村垃圾无害化处理成为可能。很多时候，农民的非绿色生活行为是没有选择的，所以政府要加大投入，为乡村提供更多的公共产品以供选择，如可加大绿色环保商品在农村的销售，使农民能够购买到无公害绿色产品；加大农村道路和公共交通方式的供给，为绿色出行提供更多选择。

# 本 章 小 结

当前，乡村衰落已经成为制约我国经济社会协调发展的短板，而乡村振兴正是针对这一问题的解决对策。在美丽乡村建设和乡村振兴的背景下，以生态伦理为视角进行思考，我们应该沿着伦理观念——社会制度——农民行为这样的由深到浅的逻辑层次，从观念生态化到政治生态化、经济生态化、文化生态化再到行为生态化等多方面进行系统的改革，以达到乡村经济发展与生态治理的双赢，实现美丽乡村建设的目标。

# 参 考 文 献

## 中文类

1. 马克思，恩格斯. 马克思恩格斯全集（第 1 卷）[M]. 北京：人民出版社，1960.

2. 马克思，恩格斯. 马克思恩格斯全集（第 2 卷）[M]. 北京：人民出版社，1957.

3. 马克思，恩格斯. 马克思恩格斯全集（第 3 卷）[M]. 北京：人民出版社，1956.

4. 马克思，恩格斯. 马克思恩格斯全集（第 4 卷）[M]. 北京：人民出版社，1958.

5. 马克思，恩格斯. 马克思恩格斯全集（第 5 卷）[M]. 北京：人民出版社，1958.

6. 薛晓源，李惠斌. 生态文明研究前沿报告 [M]. 上海：华东师范大学出版社，2007.

7. 中共中央文献研究室，国家林业局. 刘少奇论林业 [M]. 北京：中央文献出版社，2005.

8. 中共中央文献研究室，国家林业局. 周恩来论林业 [M]. 北京：中央文献出版社，1999.

9. 建国以来重要文献选编（第八册）[M]. 北京：中央文献出版社，1994.

10. 中共中央文献研究室，国家林业局. 毛泽东论林业［M］. 北京：中央文献出版社，2003.

11. 毛泽东文集（第七卷）［M］. 北京：人民出版社，1999.

12. 十四大以来重要文献选编（下）［M］. 北京：人民出版社，1999.

13. 邓小平文选（第3卷）［M］. 北京：人民出版社，1993.

14. 杜向民，樊小贤，曹爱琴. 当代中国马克思主义生态观［M］. 北京：中国社会科学出版社，2012.

15. 黄承梁. 生态文明简明知识读本［M］. 北京：中国环境科学出版社，2010.

16. 江泽民文选（第1、2、3卷）［M］. 北京：人民出版社，2006.

17. 十六大以来重要文献选编（中）［M］. 北京：中央文献出版社，2006.

18. 十六大以来重要文献选编（下）［M］. 北京：中央文献出版社，2008.

19. 十七大以来重要文献选编（上）［M］. 北京：中央文献出版社，2009.

20. 十八大报告辅导读本［M］. 北京：人民出版社，2012.

21. 《中共中央关于全面深化改革若干重大问题的决定》辅导读本［M］. 北京：人民出版社，2013.

22. 中华人民共和国可持续发展国家报告［M］. 北京：中国环境科学出版社，2002.

23. ［德］黑格尔. 自然哲学［M］. 梁志学，等，译. 北京：商务印书馆，1980.

24. ［法］弗里德里希·包尔生. 伦理学体系［M］. 何怀宏，廖申白，译. 北京：中国社会科学出版社，1997.

25. ［德］马克斯·舍勒. 人在宇宙中的地位［M］. 李伯杰，译. 贵阳：贵州人民出版社，1989.

26. ［奥地利］弗·冯·维塞尔. 自然价值［M］. 陈国庆，译. 北京：

商务印书馆，1982.

27. ［美］约翰·B. 科布，大卫·R. 格里芬. 过程神学［M］. 曲跃厚，译. 北京：中央编译出版社，1998.

28. ［美］大卫·R. 格里芬. 怀特海的另类后现代哲学［M］. 周邦宪，译. 北京：北京大学出版社，2013.

29. ［英］罗宾·柯林伍德. 自然的观念［M］. 吴国盛，柯映红，译. 北京：华夏出版社，1999.

30. ［美］唐纳德·沃斯特. 自然的经济体系——生态思想史［M］. 侯文惠，译. 北京：商务印书馆，1999.

31. ［美］纳什. 大自然的权利——环境伦理学史［M］. 杨通进，译. 青岛：青岛出版社，1999.

32. ［美］霍尔姆斯·罗尔斯顿. 环境伦理学［M］. 杨通进，译. 北京：中国社会科学出版社，2000.

33. ［美］霍尔姆斯·罗尔斯顿. 哲学走向荒野［M］. 刘耳，叶平，译. 长春：吉林人民出版社，2000.

34. ［美］奥尔多·利奥波德. 沙乡年鉴［M］. 侯文惠，译. 长春：吉林人民出版社，1997.

35. ［美］林达·利尔. 自然的见证人：蕾切尔·卡逊传［M］. 贺同天，译. 北京：光明日报出版社，1999.

36. ［美］丹尼斯·米都斯等. 增长的极限［M］. 李宝恒，译. 成都：四川人民出版社，1984.

37. ［美］芭芭拉·沃德，勒内·杜博斯. 只有一个地球［M］. 长春：吉林人民出版社，1997.

38. ［美］艾伦·杜宁. 多少算够——消费社会与地球的未来［M］. 毕幸，译. 长春：吉林人民出版社，1997.

39. ［美］比尔·麦克基本. 自然的终结［M］. 孙晓春，马树林，译. 长春：吉林人民出版社，2000.

40. 世界环境与发展委员会. 我们共同的未来［M］. 王之佳，柯金良，等，译. 长春：吉林人民出版社，1997.

41. 奥雷利奥·佩西. 未来一百页 ［M］. 北京：中国展望出版社，1984.

42. ［英］罗斯. 斯宾诺莎 ［M］. 谭鑫田，傅有德，译. 济南：山东人民出版社，1992.

43. ［美］麦茜特. 自然之死 ［M］. 吴国盛，译. 长春：吉林人民出版社，1999.

44. ［美］大卫·格里芬. 后现代科学——科学魅力的再现 ［M］. 马季方，译. 北京：中央编译出版社，2004.

45. ［美］蕾切尔·卡逊. 寂静的春天 ［M］. 吕瑞兰，李长生，译. 长春：吉林人民出版社，1999.

46. ［美］巴里·康芒纳. 封闭的循环 ［M］. 侯文惠，译. 长春：吉林人民出版社，1997.

47. ［美］亨利·大卫·梭罗. 瓦尔登湖 ［M］. 徐迟，译. 长春：吉林人民出版社，1997.

48. ［英］斯宾诺莎. 知性改进论 ［M］. 贺麟，译. 北京：商务印书馆，1960.

49. ［美］阿尔·戈尔. 濒临失衡的地球 ［M］. 北京：中央编译出版社，1997.

50. 卢风. 享乐与生存——现代人的生活方式与环境保护 ［M］. 广州：广东教育出版社，2000.

51. 卢风. 从现代文明到生态文明 ［M］. 北京：中央编译出版社，2009.

52. 余谋昌. 生态伦理学——从理论走向实践 ［M］. 北京：首都师范大学出版社，1998.

53. 余谋昌. 环境哲学：生态文明的理论基础 ［M］. 北京：中国环境科学出版社，2010.

54. 雷毅. 深层生态学：阐释与整合 ［M］. 上海：上海交通大学出版

社，2012.

55. 老子今注今译 ［M］. 陈鼓应，注. 北京：商务印书馆，2003.

56. 李德顺. 价值新论 ［M］. 北京：中国青年出版社，1993.

57. 张岂之，舒德干. 环境哲学前沿 ［M］. 西安：陕西人民出
    社，2004.

58. 刘湘溶. 生态文明论 ［M］. 长沙：湖南教育出版社，1999.

59. 王雨辰. 生态批判与绿色乌托邦——生态学马克思主义理论研
    究 ［M］. 北京：人民出版社，2009.

60. 李培超. 自然的伦理尊严 ［M］. 南昌：江西人民出版社，2001.

61. 杨通进. 走向深层的环保 ［M］. 成都：四川人民出版社，2000.

62. 曾建平. 自然之思：西方生态伦理思想探究 ［M］. 北京：中国社会
    科学出版社，2004.

63. 舒红跃. 技术与生活世界 ［M］. 北京：中国社会科学出版
    社，2006.

64. 卢风，刘湘溶. 现代发展观与环境伦理 ［M］. 保定：河北大学出版
    社，2004.

65. 刘湘溶. 人与自然的道德话语——环境伦理学的进展与反思 ［M］.
    长沙：湖南师范大学出版社，2004.

66. 何怀宏. 生态伦理——精神资源与哲学基础 ［M］. 保定：河北大学
    出版社，2002.

67. 佘正荣. 中国生态伦理传统的诠释与重建 ［M］. 北京：人民出版
    社，2002.

68. 李培超. 伦理拓展主义的颠覆——西方环境伦理思潮研究 ［M］. 长
    沙：湖南师范大学出版社，2004.

69. 陈文胜. 新农村建设热点难点着力点 ［M］. 北京：国家行政学院出
    版社，2011.

70. 中共中央组织部党员教育中心. 美丽中国——生态文明建设五
    讲 ［M］. 北京：人民出版社，2013.

71. 宋志伟. 农业生态与环境保护 [M]. 北京：北京大学出版社，2007.

72. 吴东霄，陈声明. 农业生态环境保护 [M]. 北京：化学工业出版社，2007.

73. 周毅. 21 世纪中国人口与资源、环境、农业可持续发展 [M]. 太原：山西经济出版社，1997.

74. 黄娟，黄丹. 新中国成立以来中国共产党的生态文明思想 [J]. 鄱阳湖学刊，2011（7）.

75. 李勇强. 拒斥或遗继：生态中心主义的形而上学魅影 [J]. 道德与文明，2013（6）.

76. 张惠娜. 绿色反对绿色：布克金对深层生态学的批判 [J]. 世界哲学，2010（3）.

77. 朱晓鹏. 论西方现代环境伦理学的"东方转向" [J]. 社会科学，2006（3）.

78. 吴言生. 深层生态学与佛教生态观的内涵及其现实意义 [J]. 中国宗教，2006（5）.

79. 薛勇民，王继创. 论深层生态学的伦理实践意蕴 [J]. 伦理学研究，2013（1）.

80. 薛勇民，王继创. 论深层生态学的方法论意蕴 [J]. 科学技术哲学研究，2010（10）.

81. 王秀红，舒红跃. 奈斯"自我实现"理论探析 [J]. 湖北大学学报（哲学社会科学版），2017（3）.

82. 鲍宏礼. 农村"两型社会"建设中生态治理模式分析——以湖北黄冈为例 [J]. 黄冈师范学院学报，2013（1）.

83. 张俊哲，王春荣. 论社会资本与中国农村环境治理模式创新 [J]. 社会科学战线，2012（3）.

84. 孙涉. 统筹南京城乡资源开发与环境建设 实现人与自然和谐发展 [J]. 南京社会科学，2004（S1）.

85. 汪蕾, 冯晓菲. 我国农村生态环境治理存在问题及优化——基于产权配置视角 [J]. 理论探讨, 2018 (4).

86. 张晓. 生态文明建设中的农村环境污染现状与保护治理 [J]. 安徽农学通报, 2018 (17).

87. 王波, 黄光伟. 我国农村生态环境保护问题研究 [J]. 生态经济, 2006 (12).

88. 马晓丽. 农村生态环境问题及环境保护 [J]. 晋中师范高等专科学校学报, 2004 (4).

89. 岳正华. 农村城镇化产生的生态环境危害及成因分析 [J]. 农村经济, 2004 (8).

90. 胡文婧. 公众参与视域下的我国农村生态环境治理政策研究 [J]. 农业经济, 2015 (10).

91. 缴爱超. 以社区为基础的农村环境治理模式研究 [D]. 燕山大学, 2013.

92. 肖永添. 社会资本影响农村生态环境治理的机制与对策分析 [J]. 理论探讨, 2018 (1).

93. 金英姬. 韩国的新村运动 [J]. 当代亚太, 2006 (6).

94. 王文杰. 农村水资源污染现状及治理对策 [J]. 乡村科技, 2018 (14).

95. 周爱萍. 我国农村水污染现状及防治措施 [J]. 安徽农业科学, 2009 (09).

96. 米子东. 我国农村水资源污染原因与治理对策研究 [J]. 乡村科技, 2018 (14).

97. 汪林安. 美丽乡村建设中的大气污染与应对措施 [J]. 资源节约与环保, 2014 (1).

98. 张波. 临夏农村固体废弃物污染现状与防治 [J]. 理论与研究, 2011 (4).

99. 薛福元，辛春晖. 农村固体废弃物污染防治措施探讨 ［J］. 农村经济与科技，2012 （12）.

100. 朱天宇. 论述农村地区土壤污染治理策略 ［J］. 农村经济与科技，2016，6 （27）.

101. 马泽郎. 规模化畜牧养殖对生态环境的破坏及防治 ［J］. 山西农经，2018 （16）.

102. 张海亮，王智博. 西北某地区农村农药化肥污染问题的调查研究 ［J］. 中国集体经济，2016 （33）.

103. 王斌. 农田土壤化肥污染及应对措施 ［J］. 河南农业，2018 （14）.

104. 肖军，秦志伟，赵景波. 农田土壤化肥污染及对策 ［J］. 环境保护科学，2005 （7）.

105. 王红茹. 化肥污染与防治 ［J］. 内蒙古环境科学，2009，21 （2）.

106. 李明哲. 农田化肥施用污染现状与对策 ［J］. 河北农业科学，2009 （13）.

107. 杨欢. 新时代我国农村生态环境问题研究 ［J］. 内蒙古科技与经济，2018，6 （12）.

108. 杨浩. 探析现代化农村生态环境建设问题 ［J］. 资源节约与环保，2016 （5）.

109. 郇庆治. "绿色化" 研究：文献语境与实现机制 ［J］. 贵州省党校学报，2017 （4）.

110. 曾建平，邹平林. 环境制度的伦理困境与环境伦理的制度困境 ［J］. 南京林业大学学报 （人文社会科学版），2015 （3）.

111. 汪劲. 伦理观念的嬗变对现代法律及其实践的影响 ［J］. 法理学、法史学，2002 （7）.

112. 王国聘，李亮. 论环境伦理制度化的依据、路径与限度 ［J］. 社会科学辑刊，2012 （4）.

113. 陈金明，庄锡福. 伦理制度化：依据、功能及阈限 ［J］. 集美大学学报（哲学社会科学版），2005（12）.

114. 曾建平. 环境伦理制度化的困境［J］. 道德与文明，2006（3）.

115. 刘作翔. 公平：法律追求的永恒价值——法与公平研究论纲［J］. 天津社会科学，1995（5）.

116. 王秀红. 论环境法公平原则的实现［D］. 华中科技大学，2005.

117. 张钦. 道德制度化和伦理制度化质疑［J］. 社会科学论坛，2001（10）.

118. 洪大用，李阳. 推进绿色生活方式培育的科学化［J］. 广东社会科学，2017（1）.

119. 傅晶晶，赵云璐. 农村环境法律制度嬗变的逻辑审视与启示［J］. 云南社会科学，2018（5）.

120. 黄爱宝. 当代中国生态政治发展的动力资源［J］. 南京林业大学学报，2012（9）.

121. 梅凤乔，包垿含. 全球环境治理新时期：进展、特点与启示［J］. 青海社会科学，2018（4）.

122. 于宏源，于雷. 二十国集团和全球环境治理［J］. 中国环境监察，2016（8）.

123. 肖显静. 生态政治何以可能［J］. 科学技术与辩证法，2000（12）.

124. 刘京希. 生态政治新论［J］. 政治学研究，1997（4）.

125. 黄爱宝. 生态政治的双重定位及其关系［J］. 政治学研究，2003（11）.

126. 余谋昌. 生态文明：人类文明的新形态［J］. 长白学刊，2007（2）.

127. 杨海燕. 法国的生态农业之路［J］. 农产品加工（创新版），2011（7）.

128. 凌薇. 法国生态农业的发展启示［J］. 农经，2018（6）.

129. 魏晓莎. 美国推动农业生产经营规模化的做法及启示［J］. 经济纵

横，2014（12）.

130. 徐玲. 美国和日本农业规模化经营管理对我国的借鉴与启示［J］.
农业经济，2017（4）.

131. 李耕玄，刘慧，石丹雨，等. 日本"一村一品"的启示及经验借
鉴［J］. 农业经济与科技，2016（6）.

132. 高贵现. 埃塞俄比亚乡村治理机制探析及启示［J］. 世界农业，
2017（9）.

133. 苑文华. 韩国新村运动对我国乡村振兴的启示［J］. 中国市场，
2018（9）.

134. 柳晓明，贾敬全. 韩国新村运动实践及对我国乡村振兴战略的启
示［J］. 菏泽学院学报，2018（8）.

135. 王莹. 国外生态治理实践及其经验借鉴［J］. 中国林业产业，2018
（2）.

136. 文礼章. 西班牙的生态农业［J］. 世界农业，2004（9）.

137. 丁大伟. 西班牙如何发展生态农业［N］. 农民日报，2013-08-26.

138. 崔学勤，李亚鹏. 国外乡村生态景观农业发展的经验及其对我国
的启示［J］. 农业经济，2015（10）.

139. 任文峰. "国外生态与社会治理的理论与实践"学术研讨会综述
［J］. 国外社会科学，2015（9）.

140. 宋燕平，费玲玲. 我国农业环境政策演变及脆弱性分析［J］. 农业
经济问题，2013（10）.

141. 王西琴，李蕊舟，李兆捷. 我国农村环境政策变迁：回顾、挑战
与展望［J］. 现代管理科学，2015（10）.

142. 鲁长安，薛小平. 中国特色社会主义生态治理的历史进程与逻辑
演变［J］. 成都工业学院学报，2014（9）.

143. 郑莹. 政府职能视角下的环境治理及对策分析［J］. 领导科学论
坛，2015（2）.

144. 陈向科. 改革开放 40 年我国农村生态环境相关政策演进述评——基于 19 个中央一号文件的文本解读［J］. 长沙大学学报, 2017 (11).

145. 王永强. 乡村环境治理中地方政府责任研究［D］. 广西师范学院, 2017.

146. 王秀红. 阿伦·奈斯深层生态学思想研究［D］. 湖北大学, 2017.

147. 吴艳平. 乡村生态治理问题浅议［J］. 合作经济与科技, 2018 (8).

148. 蒋万胜, 李小燕. 建国以来我国农民环保观念的变迁及其影响［J］. 华南师范大学学报 (社会科学版), 2011 (2).

149. 许振江. 从中央一号文件看农村生态环境变迁 (1978—2013)［J］. 中共四川省委党校学报, 2013 (10).

150. 李冬艳. 关注农业农村环境保护——2004 年以来中央一号文件关于农业农村环境保护问题综述［J］. 环境保护与循环经济, 2014 (4).

**外文类**

1. NAESS A. Ecology. Community and Lifestyle［M］. Cambridge: Cambridge University Press, 1989.

2. NAESS A. Ecology of Wisdom［M］. berkeley: counterpoint, 2010.

3. SESSIONS G. Deep Ecology for The 21st Century［M］. Shambhala, 1995.

4. W. FOX. Toward A Transpersonal Ecology［M］. Boston: Shambhala Publications Inc., 1990.

5. DEVALL B, Sessions G. Deep Ecology: Living as if Nature Mattered［M］. Salt Lake City: Peregrine Smith Books, 1985.

6. W. FOX. Transpersonal Ecology: "Psychologizing" Ecophilosophy［J］.

The Journal of Transpersonal Psychology, 1990 (22).

7. W. FOX. Deep Ecology: A New Philosophy of Our Time [J]. The Ecologist, 1984, 14 (5/6).

8. BILL DEVALL. The Deep Ecology Movement [J]. Natural Resources Journal, 1980, 4 (20).

# 后　记

　　本书是我多年来对农村生态治理和环境保护关注、思考和研究的成果。

　　被称为"三农"问题的农业、农村、农民问题，是新时代我国社会主义现代化建设中必须重点解决的关键问题。当前，农村的环境污染和生态破坏，已经成为我国经济社会发展的短板。农村生态治理的成效，极大地影响到我国美丽乡村及美丽中国建设。如何在乡村振兴和生态文明建设的背景下，推动我国的乡村生态治理，将乡村建设成环境优美、生态良好、"望得见山、看得见水、记得住乡愁"的可持续发展的美丽乡村，是值得研究的。

　　我在2003年撰写硕士论文的时候，开始关注和研究环境问题，那时候主要是从法律哲学的角度研究环境公平。其后，我开始持续地关注生态环境保护与农村生态治理问题，也写了一些相关论文。2013年起，在博士学习和博士论文写作中，我主要是从哲学伦理学的角度关注和研究生态问题。所以，经过十几年的关注和研究，在农村生态治理问题上，我形成了一些自己的见解。本书就是在我多年来对农村生态问题思考和研究的基础上写成的。

　　本书的创作，得到了湖北工业大学马克思主义学院的支持，在此，表示感谢。本书是湖北工业大学校基金项目"习近平新时代生态伦理思想研究"（项目编号2018SW0203）的成果。在本书的写作中，2017级政治学专业的研究生李婉芊同学、2018级政治学专业的研究生季晴

244

同学进行了相关资料的收集、整理，尤其是李婉芊同学，参与了第六章和第七章的写作。在此，对这两位同学的付出表示感谢。

由于水平有限，书中难免有不足之处，敬请批评指正。

**王秀红**

2019 年 3 月 3 日